O. A. Ortikov
S. S. Rakhimkhodjaev

Conceção e tecnologia de produção de tecidos para vestuário

AF536091

O. A. Ortikov
S. S. Rakhimkhodjaev

Conceção e tecnologia de produção de tecidos para vestuário

com propriedades específicas

ScienciaScripts

Imprint

Any brand names and product names mentioned in this book are subject to trademark, brand or patent protection and are trademarks or registered trademarks of their respective holders. The use of brand names, product names, common names, trade names, product descriptions etc. even without a particular marking in this work is in no way to be construed to mean that such names may be regarded as unrestricted in respect of trademark and brand protection legislation and could thus be used by anyone.

Cover image: www.ingimage.com

This book is a translation from the original published under ISBN 978-620-7-48434-8.

Publisher:
Sciencia Scripts
is a trademark of
Dodo Books Indian Ocean Ltd. and OmniScriptum S.R.L publishing group

120 High Road, East Finchley, London, N2 9ED, United Kingdom
Str. Armeneasca 28/1, office 1, Chisinau MD-2012, Republic of Moldova, Europe
Managing Directors: Ieva Konstantinova, Victoria Ursu
info@omniscriptum.com

Printed at: see last page
ISBN: 978-620-8-36984-2

Copyright © O. A. Ortikov, S. S. Rakhimkhodjaev
Copyright © 2024 Dodo Books Indian Ocean Ltd. and OmniScriptum S.R.L publishing group

Conteúdo

Anotação

O trabalho é dedicado à conceção e tecnologia de produção de tecidos de vestuário com propriedades específicas. São desenvolvidas e trabalhadas as variantes de tecidos com um raport constante e variável e com um número de transições de fios de teia e de trama. No caso de um raport variável da urdidura e da trama, e no caso de um número variável de transições de fios da urdidura e da trama no tecido: a densidade máxima da urdidura e da trama diminui; a densidade geométrica da urdidura e da trama aumenta; a altura da onda de flexão da urdidura e da trama permanece inalterada. Com um rácio de urdidura e trama variável e com um valor constante do número de transições de fios no tecido: a densidade máxima da urdidura e da trama diminui; a densidade geométrica da urdidura e da trama aumenta; a altura da onda de flexão na urdidura e na trama mantém-se inalterada. Propõe-se uma metodologia de cálculo da mão de obra para cada fio dentro do rapport do tecido. Em todas as variantes, o aumento do número de cruzamentos no interior do suporte leva a um aumento do rendimento dos fios da teia e da trama. A tensão de produção do tecido no tear depende do tipo de fio de trama. Com o aumento da densidade linear do fio de trama, o rendimento do fio de urdidura aumenta e o da trama diminui. O rendimento da urdidura diminui e o rendimento da trama aumenta quando a tensão de enchimento dos fios de urdidura é alterada de 5sN para 25sN por fio. O rendimento da urdidura aumenta e o rendimento da trama diminui quando a tensão de enchimento da urdidura é alterada de 5cN para 30cN por fio. O carácter da variação do rendimento obtido analiticamente e experimentalmente é idêntico. As discrepâncias nos valores absolutos dos rendimentos são causadas pelos modos tecnológicos, que não são tidos em conta nos cálculos analíticos. A seleção de parâmetros e a metodologia de determinação dos valores de porosidade do tecido de vestuário são realizadas. Desenvolve-se a técnica de conceção do tecido de vestuário de acordo com a porosidade determinada, onde se calculam os diâmetros do fio antes e depois da tecelagem, a densidade do tecido, o coeficiente de enchimento do tecido com material fibroso, a densidade geométrica do tecido, a altura das ondas de flexão do fio no tecido, o trabalho do fio no tecido. Foram desenvolvidas e investigadas amostras de tecidos de vestuário. Em todas as variantes, a diminuição do número de cruzamentos no interior do suporte leva à diminuição do trabalho dos fios da teia e da trama no tecido. Com a mesma relação de tecelagem do tecido e com a redução do número de cruzamentos de fios de um sistema por outro sistema, a porosidade aumenta. Com o aumento da porosidade do tecido, a permeabilidade ao ar dos tecidos de vestuário aumenta. As propriedades físico-mecânicas, higiénicas e de consumo dos tecidos de *vestuário são influenciadas pelo número de transições de fios dentro do rapport e pelo tipo de matérias-primas utilizadas na trama. Com o aumento do número de transições de fios dentro do suporte, a carga de rutura na base e na trama, a abrasão do tecido aumenta e a permeabilidade ao ar do tecido diminui. A trama Capron no tecido aumenta a carga de rutura na trama, o alongamento de rutura na trama e a respirabilidade do tecido, mas reduz a abrasão do tecido. $_{Oyooy}$Recomenda-se a utilização de tecidos de vestuário que possuam boas propriedades físico-mecânicas, higiénicas e de consumo: para uma relação variável e uma transição variável de fios, o tecido de vestuário da segunda variante com os seguintes parâmetros de estrutura do tecido com relação na base e na trama R = R = 6, o número de transições de fios dentro da relação t = ^= 4,7, P =250 fios/dm, P =150 fios/dm, $_{oOyooy}$T =25x2 tex, $_{Tu=15x3}$ tex; para um transporte constante e uma transição variável de fios, o tecido da primeira variante com os seguintes parâmetros da estrutura do tecido pelo transporte na base e na trama R = I = 8, o número de transições de fios dentro do transporte t = ^=2,0 , P =240 fios / dm., P =300 fios / dm, $_{oyooo}$T =20 tex, T =18,5 x2 tex, cor branca da trama; para um transporte constante e uma transição constante de fios, o tecido da segunda variante tem os seguintes parâmetros de estrutura do tecido por transporte na base e na trama R = $_{Ry=4}$, número de transições de fios dentro do transporte t = í=2, P = 258 fios/dm, $_{yoy}$P =190 fios/dm, T =25x2 tex, T =14,3x3 tex. Foram desenvolvidos parâmetros tecnológicos óptimos para a produção de tecidos de vestuário. O nível de rutura do fio de urdidura é de 0,1 rutura por 1 m. de tecido com tensão de urdidura - 16 cN, o valor do desvio -10 mm. e a posição do escalo acima do esterno em 25 mm.*

Resumo: O trabalho é dedicado ao projeto e à tecnologia de produção de vestuário

Palavras-chave: fio, urdidura, trama, tecido, relação, trama, parâmetros, porosidade, acabamento, densidade, respirabilidade, propriedades, tensão, modelo.

CARACTERIZAÇÃO GERAL DO TRABALHO

A utilização de matérias-primas locais para a produção de tecidos, tendo em conta as condições climáticas da região nos produtos, permitirá introduzir novas tecnologias, criar empregos adicionais e satisfazer a procura de produtos tecidos. Por conseguinte, a conceção e a tecnologia de produção de tecidos para vestuário com propriedades específicas são de indubitável interesse para a produção de tecelagem e são actuais.

O objetivo da investigação é investigar os parâmetros da estrutura dos tecidos de vestuário, a metodologia de conceção de tecidos com determinadas propriedades higiénicas e a otimização da tensão da teia nos teares.

Objectivos do estudo.

Para abordar a tarefa em causa, é delineado o seguinte:

- para investigar a estrutura de tecidos de vestuário com padrões finos;
- Conceber tecidos de vestuário com propriedades higiénicas especificadas em termos de porosidade e respirabilidade;
- Avaliar as qualidades dos tecidos de vestuário.
- investigar analítica e experimentalmente a tensão da teia durante a formação de tecidos de vestuário;
- otimizar o processo de conformação dos tecidos de vestuário;

O objeto do estudo é a estrutura dos tecidos de vestuário**,** as propriedades higiénicas dos tecidos e a tensão do fio.

O objeto do estudo é a conceção e as propriedades dos tecidos de vestuário, os métodos e os meios de investigação da tensão de urdidura.

Metodologia de investigação. Para resolver as tarefas definidas no trabalho, foi utilizado um método de investigação complexo. Na parte teórica, foram utilizados métodos de geometria analítica no estudo da estrutura dos tecidos. Na parte experimental do trabalho foram utilizados os métodos de planeamento matemático e de análise dos resultados. O tratamento dos resultados experimentais foi efectuado pelo método da estatística matemática. Na parte tecnológica foi utilizada a máquina de tecer "Somet Thema Super Excel" da empresa "Itema". Foram utilizados dispositivos normalizados para a determinação das propriedades higiénicas dos tecidos, bem como o centro de certificação acreditado no TITLP "CentexUz".

A novidade científica do estudo consiste no seguinte:

- São desenvolvidas e investigadas variantes de tecidos de vestuário com padrões finos, com relações constantes e variáveis e número de transições de fios na teia e na trama;
- Propõe-se a metodologia de cálculo da mão de obra para cada fio no âmbito do rapport do tecido, determinam-se os parâmetros da estrutura do tecido de

vestuário e concebe-se o tecido de vestuário de acordo com a porosidade indicada;

- foram obtidas as regularidades das mudanças de tensão da teia ao longo da largura dos tecidos de vestuário existentes e modernizados;
- foram desenvolvidos os parâmetros tecnológicos óptimos da produção de tecidos para vestuário com base no planeamento central rotativo da composição da experiência de segunda ordem;

Os resultados práticos da investigação são os seguintes: foram desenvolvidas amostras de tecidos com bom aspeto, boa permeabilidade ao ar, que possuem uma combinação de propriedades estético-higiénicas e físico-mecânicas, que podem ser recomendadas para a utilização destes tecidos no vestuário. A conceção de tecidos com determinadas propriedades de porosidade com base em matérias-primas locais (algodão) permite introduzir rapidamente os resultados do trabalho na indústria e resolver o problema da produção de tecidos para vestuário, que são muito procurados na República. A otimização dos parâmetros tecnológicos da produção de tecidos para vestuário permite reduzir a rutura do fio na teia e melhorar a qualidade dos tecidos produzidos. A metodologia de conceção de tecidos com propriedades específicas, bem como os estudos analíticos e experimentais da tensão da urdidura ao longo da largura do fio do tear, podem ser utilizados no processo educativo quando se estuda o curso da estrutura e formação dos tecidos.

O significado científico e prático dos resultados da investigação é caracterizado pelo desenvolvimento de uma metodologia para a conceção de tecidos de vestuário com uma determinada porosidade. Isto torna possível fazer prontamente o enchimento e a produção de tecidos de vestuário com custos mínimos. O significado prático da investigação realizada consiste na criação de um novo dispositivo para o alinhamento da tensão da teia ao longo da largura do tecido e a otimização do processo permite reduzir a quebra do fio e melhorar a qualidade dos tecidos.

Conteúdo do trabalho

A introdução fundamenta a relevância do tema, formula a finalidade, os objectivos do estudo, mostra a novidade científica e o significado prático do trabalho, a metodologia, a investigação e a aprovação do trabalho.

O primeiro capítulo apresenta uma revisão das fontes bibliográficas dedicadas ao estudo da estrutura, da conceção e da formação dos tecidos e das suas propriedades. Dependendo da sua finalidade, os tecidos devem ter propriedades físicas e mecânicas adequadas, propriedades de consumo e propriedades higiénicas determinadas pelo tipo de material fibroso de que o tecido é feito e pela sua estrutura. As propriedades físico-mecânicas, de consumo e higiénicas do tecido são caracterizadas pelos seguintes indicadores principais: resistência, rigidez, resistência à abrasão, encolhimento após a lavagem, enrugamento, drapeabilidade, deslizamento, brilho, permeabilidade, eletrificação, etc. As propriedades físico-mecânicas do tecido são caracterizadas pelos seguintes indicadores principais: resistência, rigidez, resistência à abrasão, encolhimento após a lavagem, enrugamento, drapeabilidade, deslizamento, brilho, permeabilidade, eletrificação, etc. Além disso, as propriedades físicas e mecânicas dos tecidos técnicos e dos tecidos para fins especiais são objeto de exigências em função do seu campo de aplicação. Quanto aos tecidos para uso doméstico, especialmente os tecidos para vestuário, estão sujeitos a requisitos higiénicos, operacionais, tecnológicos e estéticos. Este conjunto de requisitos reflecte a visão moderna da aparência do tecido, incluindo a sua estrutura. A estrutura do tecido é entendida como a disposição mútua dos fios da teia e da trama e a sua ligação entre si. As principais caraterísticas da estrutura do tecido são: tecelagem, densidade linear (diâmetro) dos fios de urdidura e de trama, densidade de urdidura e de trama no tecido, fase da estrutura, transformação, índices de enchimento e de recheio, espessura do tecido, superfície de suporte, etc. As principais caraterísticas da estrutura do tecido são: tecelagem, densidade linear (diâmetro) dos fios de urdidura e de trama, densidade de urdidura e de trama no tecido, fase da estrutura, transformação, índices de enchimento e de recheio, espessura do tecido, superfície de suporte, etc. Estas caraterísticas podem ser divididas condicionalmente em dois grupos - independentes e dependentes. Parâmetros independentes da estrutura do tecido (básicos ou iniciais) - não dependem de outros parâmetros da estrutura do tecido, são definidos ou aceites durante a sua construção. Estes parâmetros incluem a composição da matéria-prima e o tipo de linhas e fios a partir dos quais o tecido é produzido (a estrutura da linha ou do fio, a forma e o tamanho da secção transversal, as propriedades físicas e mecânicas dos fios dependem da estrutura e do tipo de fibras; a densidade linear dos fios da teia e da trama, o seu diâmetro;

a trama dos fios de teia e de trama do tecido, determinada pela relação de trama na teia e na trama, pelo número de intersecções da trama com a teia e da teia com a trama, pelo deslocamento de sobreposição e pelo número de camadas de fios no tecido; a densidade do tecido na teia e na trama. Os parâmetros estruturais dependentes (derivados) dependem dos parâmetros estruturais iniciais do tecido. Por exemplo, a espessura do tecido depende da densidade linear dos fios da teia e da trama. Este grupo inclui: fase da estrutura do tecido; processamento dos fios de teia e de trama no tecido; coeficientes de enchimento e de coesão; coeficiente de enchimento; espessura do tecido; superfície de suporte. Todos estes 6

Estes parâmetros determinam em conjunto a estrutura do tecido e a disposição dos fios no mesmo. Além disso, a estrutura do tecido depende dos parâmetros de formação do tecido, tais como o tamanho do ponto atrás, a posição do escalo, a tensão da urdidura e da trama e a força de surf. Um dos parâmetros que afectam a estrutura do tecido é a tensão de urdidura durante a tecelagem. A tensão de urdidura determina a deformação da urdidura durante a tecelagem e, por conseguinte, os parâmetros de estrutura e o tipo de tecido produzido. É feita uma distinção entre as tensões de urdidura: por ciclo de tear; à medida que a urdidura é acionada na urdidura de urdidura; de acordo com a largura de enchimento do tear; em funcionamento instável do tear (tear start-stop). A tensão de enchimento (no fecho da cala) é necessária para criar resistência para os fios de teia quando a trama chega ao bordo do tecido e para assegurar uma abertura limpa da cala. A tensão de enchimento varia consoante o tipo de tecido, sendo mais elevada para os tecidos mais densos (pesados) e mais baixa para os tecidos menos densos (leves). A escolha incorrecta da tensão de enchimento provoca uma violação do processo tecnológico de formação do tecido, altera a sua estrutura, aumenta a rutura dos fios de teia e reduz a eficiência da utilização da máquina e a qualidade dos tecidos produzidos. A diminuição da tensão de enchimento provoca a diminuição da tensão do fio de teia na superfície da trama, o que, de ciclo para ciclo do funcionamento da máquina, aumenta a faixa de superfície e o processo de tecelagem torna-se impossível devido ao enchimento do tecido. Um aumento da tensão de enchimento leva a uma diminuição do tamanho da banda de superfície, o que pode levar a uma tensão excessiva dos fios de teia.

O efeito destrutivo mínimo nos fios de teia durante a tecelagem pode ser assegurado num tal modo de tensão, no qual a variação de tensão durante o ciclo da máquina é mínima e muda suavemente na tensão de enchimento mais baixa possível. Para regular (compensar) a tensão da teia, é utilizado um sistema de escalpe móvel. Os sistemas electromecânicos de carregamento do escalpe são mais eficientes porque proporcionam uma tensão máxima de urdidura durante o período de surf da trama (o tempo mais curto de tensão de urdidura) e uma tensão mínima de urdidura na posição de pontuação e no máximo galpão aberto (a longo prazo ou o tempo mais longo de descarga da tensão de urdidura). Isto permite produzir tecidos com elevada densidade de trama (tecidos pesados) com uma tensão mínima de enchimento da teia. A tensão de enchimento dos fios de urdidura deve ser constante à medida que a urdidura é trabalhada na urdidura. Isto pode ser monitorizado e controlado através do desvio da tensão do fio (com um escalo), da perturbação (com um calibre de apalpador), do desvio e da perturbação (com um escalo e um calibre de apalpador). Os sistemas de controlo da tensão de urdidura invertidos e electrónicos são os mais eficazes. As diferentes tensões de urdidura dos fios de urdidura individuais ao longo da largura do enfiamento da máquina explicam-se pela diferença das suas propriedades físicas e mecânicas, pelos processos de preparação dos fios de urdidura para a tecelagem no departamento de preparação, pela diferença da largura da recolha dos fios de urdidura na cana e no bordo do tecido, bem como pela diferença do movimento das tramas. A igualização da tensão do fio ao longo da largura da urdidura pode ser conseguida melhorando a qualidade do fio, seguindo os parâmetros dos processos de preparação do fio, instalando longarinas contínuas, cobrindo a superfície da escama com material elástico. Em sistemas especiais de carga adicional nos fios de teia durante o primeiro assentamento da trama, é criado um momento adicional no sistema móvel do escalpe: mecanicamente - por meio de um excêntrico; pneumomecanicamente - por meio de um cilindro pneumático; electromecanicamente - por meio de um eletroíman. Os mais eficazes são os sistemas mecânicos e electromecânicos de ação reversível, controlados por um conversor a partir de um microprocessador. O valor do batente é definido em função do tipo de matéria-prima utilizada para os fios da teia e da trama, do tipo de trama dos fios do tecido, da densidade do tecido na trama e das caraterísticas de conceção da máquina. Com o aumento do valor do contraforte, aumenta a tensão dos fios principais no momento da surfaçagem, o que altera a estrutura do tecido e as suas propriedades. Consoante o tipo de tecido que está a ser produzido, o escalo desloca-se verticalmente a partir do nível do esterno, o que altera a relação entre os comprimentos superior e inferior do canelado.

No segundo capítulo, são considerados os parâmetros da estrutura dos tecidos

de padrão fino. A estrutura de um tecido é geralmente entendida como a disposição mútua dos fios da teia e da trama no tecido devido à sua interação. As forças de interação entre os fios do tecido são criadas no processo da sua formação no tear e determinam a disposição mútua dos fios no tecido. A disposição mútua dos fios no tecido depende, portanto, de muitos factores: tipo de matéria-prima utilizada; diâmetros dos fios principais e de trama e respectivas proporções; densidades da urdidura e da trama e respectivas proporções; tipo de trama dos fios no tecido; tensão dos fios principais e de trama e respectivas proporções; parâmetros tecnológicos de enfiamento e produção do tecido. O tipo de matérias-primas para o tecido concebido é escolhido tendo em conta o objetivo do tecido e os seus requisitos. As propriedades dos fios utilizados na urdidura e na trama determinam em grande medida as propriedades do tecido fabricado com eles. Uma alteração do tipo de matéria-prima em, pelo menos, um sistema de fios na teia ou na trama do tecido tem um impacto significativo nos parâmetros tecnológicos da sua produção, na estrutura do tecido e nas suas propriedades. Os diâmetros dos fios de teia e de trama utilizados para a produção de tecidos têm uma influência significativa nos parâmetros tecnológicos da produção de tecidos, não na sua estrutura e propriedades. Ao conceber um tecido, os diâmetros dos fios são determinados em função do objetivo do tecido e dos requisitos que 8
O diâmetro do fio de trama aumenta a carga de rutura e o alongamento do tecido no sentido da trama. O aumento do diâmetro dos fios de trama aumenta a carga de rutura e o alongamento do tecido no sentido da trama, o trabalho dos fios de urdidura e diminui o trabalho dos fios de trama. Consequentemente, a relação entre os diâmetros dos fios de teia e de trama tem uma grande influência nos parâmetros, na estrutura e nas propriedades do tecido. A densidade do tecido da teia e da trama e as suas proporções têm uma grande influência na estrutura e nas propriedades dos tecidos. A alteração da densidade do tecido por trama, mantendo-se os outros factores iguais, provoca a alteração dos parâmetros tecnológicos de produção, da estrutura e das propriedades dos tecidos. Em particular, um aumento da densidade da trama leva a um aumento da tensão da teia e a uma diminuição do trabalho da teia e da largura do tecido. As densidades da teia e da trama dependem do diâmetro dos fios utilizados e do tipo de tecelagem dos fios no tecido. A densidade máxima possível dos tecidos de ponto liso (com sobreposições curtas) tem um valor inferior ao de qualquer outra trama (com sobreposições longas) do tecido (bombazina, rep, sarja, cetim, etc.). Os tecidos com as densidades de urdidura e de trama mais elevadas possíveis são muito difíceis de tecer no tear. A maior parte dos tecidos produzidos tem uma densidade de um ou de ambos os sistemas de fios inferior à

máxima. Por conseguinte, a relação entre a densidade real do tecido e a densidade máxima caracteriza o enchimento do tecido com material fibroso, ou seja, a tensão da produção do tecido no tear. O tipo de tecelagem tem uma grande influência na estrutura e nas propriedades do tecido. Em particular, os tecidos de ponto liso (com sobreposições curtas) têm uma carga de rutura e um trabalho de urdidura e de trama mais elevados do que os tecidos de outros pontos (com sobreposições longas), e o trabalho do tecido (com sobreposições curtas) é acompanhado por uma tensão elevada. Entre os parâmetros tecnológicos que têm uma influência significativa na estrutura e nas propriedades do tecido estão a tensão dos fios principais e de trama e as suas proporções, que alteram a disposição dos fios no tecido e, consequentemente, o trabalho dos fios no tecido, a carga de rutura do tecido. Outro parâmetro principal do enfiamento na máquina é o valor do ponto atrás, que determina o valor da tensão de urdidura adicional no momento de formar (surfar) o tecido. À medida que o pesponto aumenta, a tensão dos fios de urdidura no momento da surfagem aumenta, o que levará a alterações na estrutura do tecido - densidade, trabalho do fio no tecido, carga de rutura e alongamento do tecido. Consequentemente, a estrutura e as propriedades dos tecidos podem ser alteradas alterando a tensão de enchimento e o tamanho do desvio da máquina. Além disso, a estrutura e as propriedades dos tecidos são influenciadas pela posição do escalo, a altura e a profundidade do galpão, a posição da longarina, etc. Neste caso, a nossa tarefa é estudar a influência dos parâmetros da estrutura do tecido na produção de tecidos com trama fina. Uma vez que os tecidos com padrões finos (combinados) têm sobreposições curtas e longas dentro do padrão de tecelagem, é de esperar que os fios tenham estados de tensão diferentes tanto quando o tecido é formado no tear como depois de o tecido ser retirado do tear. Com base na alteração do coeficiente de relação dos diâmetros dos fios K_d de 0,5 para 2 para uma dada densidade linear dos fios de teia e de trama T_o e T_u, *do* coeficiente para os fios de algodão S_o e S_u, do coeficiente de redução das dimensões transversais dos fios no tecido η_o e P_u, é possível calcular os diâmetros da teia d_o e da trama d_y, ***as*** alturas das ondas de flexão da teia h_o e da trama h_y, a densidade geométrica dos fios de urdidura l_o e dos fios de trama l_y, a densidade limite e máxima do tecido na urdidura P_o e na trama P_y, os coeficientes que determinam a ordem da fase de estruturação do tecido na urdidura K_{ho} e na trama K_{hy}, fornecidos na primeira variante quando os fios de urdidura estão situados sem intervalos $l_o = d_o$, na segunda variante quando os fios de trama estão situados sem intervalos $l_y = d_y$. Os cálculos foram efectuados de acordo com a metodologia conhecida.

1. o diâmetro do fio no tecido:

urdidura para trama

$d_o = 0,03162\ \eta_o C_o \sqrt{To}$ (2.1) $d_y = 0,03162\ \eta_y C_y \sqrt{Ty}$, (2.2)

diâmetro médio da rosca $d_{cp} = \frac{d_o + d_y}{2}$

2. Diâmetro do fio no tecido em função do rácio de diâmetro e do diâmetro médio do fio

urdidura para trama

$$d'_o = \frac{2K_d d_{cp}}{K_d + 1} \quad (2.3) \qquad d'_y = \frac{2d_{cp}}{K_d + 1} \quad (2.4)$$

3. Limitar a densidade do tecido em

urdidura para trama

$$P_o = \frac{100}{d_o} \quad (2.5) \qquad P_y = \frac{100}{d_y} \quad (2.6)$$

4. Densidade máxima do tecido

urdidura para trama

$$P'_o = \frac{100}{l_o} \quad (2.7) \qquad P'_y = \frac{100}{l_y}. \quad (2.8)$$

5. Altura das ondas de flexão do filamento

urdidura para trama

$$h_o = d_{cp} \cdot K_{ho} \quad (2.9) \qquad h_y = d_{cp} \cdot K_{hy} \quad (2.10)$$

6. densidade geométrica dos tecidos de sobreposição curta

urdidura para trama

$$l_o = \sqrt{(d_o + d_y)^2 - h_o^2} \quad (2.11) \qquad l_y = \sqrt{(d_o + d_y)^2 - h_y^2} \quad (2.12)$$

7. Densidade média geométrica de trama para tramas de sobreposição longa

com base em $l_{ocp} = \frac{t_y \cdot \sqrt{(d_o + d_y)^2 - h_o^2} + (R_o - t_y) \cdot d_o}{R_o}$ (2.13)

sobre o pato $l_{ycp} = \frac{t_o \cdot \sqrt{(d_o + d_y)^2 - h_y^2} + (R_y - t_o) \cdot d_y}{R_y}$ (2.14)

em que: t_o, t_y - o número de transições de fios principais e, respetivamente, o número de transições de fios de trama de um lado do tecido para o outro lado do tecido dentro da relação de tecido por fio; R_o, R_y - *a* relação de trama do tecido na urdidura e na trama.

Resulta da fórmula que os valores máximos da densidade geométrica correspondem à relação de trama do tecido igual ao número de transições e que estes valores da densidade geométrica diminuem com o aumento da diferença entre a relação de trama do tecido e o número de transições dos fios da teia e da trama. Para um tecido de padrão fino com um padrão de trama na urdidura Ro = 8 e na trama Ry = 8, com uma densidade linear de fios de urdidura To = 25x2 tex e com uma densidade linear de fios de trama TU = 25x2 tex, os coeficientes da relação dos diâmetros dos fios ***Kd*** = 0,5:2 são determinados nas variantes em que os fios estão localizados sem lacunas na urdidura $lo = do$ (Tabela 2.1) e sem folgas na trama ly = ***dy*** (quadro 2.2), os diâmetros dos fios da teia e da trama, a altura da onda de flexão da teia e da trama, a densidade geométrica dos fios da teia e da trama, a densidade máxima do tecido na teia e na trama, os coeficientes que determinam a ordem da fase da estrutura do tecido.

Tabela 2.1.

Resultados dos cálculos para fios de teia de densidade linear 25x2 tex sem folgas no tecido

Rácio do diâmetro Kd	Diâmetro dos fios de teia do, mm	Diâmetro dos fios de trama dy, mm	Limites de densidade de base Po, n/dm	Altura da onda de flexão		Densidade geométrica da trama ly, mm	Densidade máxima da trama Py, n/dm	Fator de ordem de fase, Kho
				ho, mm	trama hy, mm			
0,5	0,171	0,343	585	0,483	0,031	0,5131	194,9	1,88
0,6	0,193	0,321	518	0,475	0,039	0,5125	195,1	1,85
0,7	0,212	0,302	472	0,468	0,046	0,5120	195,3	1,82
0,8	0,228	0,286	439	0,460	0,054	0,5112	195,6	1,79
0,9	0,243	0,271	412	0,452	0,062	0,5102	196,0	1,76
1,0	0,257	0,257	389	0,445	0,069	0,5093	196,3	1,73
1,2	0,280	0,234	357	0,432	0,082	0,5074	197,1	1,68
1,4	0,300	0,214	333	0,420	0,094	0,5053	197,9	1,63
1,6	0,316	0,198	317	0,406	0,108	0,5025	199,0	1,58
1,8	0,330	0,184	303	0,393	0,121	0,4996	200,2	1,53
2,0	0,343	0,171	292	0,383	0,131	0,4970	201,2	1,49

Tabela 2.2.

Resultados dos cálculos dos parâmetros para o arranjo linear dos fios de trama Densidade de 25x2 tex sem folgas no tecido

Rácio do diâmetro Kd	Diâmetro dos fios de teia do, mm	Diâmetro dos fios de trama dy, mm	Densidade de pato Py, n/dm	Altura da onda de flexão		Densidade da base geométrica lo, mm	Densidade básica máxima Po, n/dm	Coeficiente de ordem de fase, KhV
				ho, mm	trama hy, mm			
0,5	0,171	0,343	292	0,131	0,383	0,4970	201,2	1,49
0,6	0,193	0,321	303	0,121	0,393	0,4996	200,2	1,53
0,7	0,212	0,302	317	0,108	0,406	0,5025	199,0	1,58
0,8	0,228	0,286	333	0,094	0,420	0,5053	197,9	1,63
0,9	0,243	0,271	357	0,082	0,432	0,5074	197,1	1,68

1,0	0,257	0,257	389	0,069	0,445	0,5093	196,3	1,73
1,2	0,280	0,234	412	0,062	0,452	0,5102	196,0	1,76
1,4	0,300	0,214	439	0,054	0,460	0,5112	195,6	1,79
1,6	0,316	0,198	472	0,046	0,468	0,5120	195,3	1,82
1,8	0,330	0,184	518	0,039	0,475	0,5125	195,1	1,85
2,0	0,343	0,171	585	0,031	0,483	0,5131	194,9	1,88

Da mesma forma, para o tecido de padrão fino com relações de trama na urdidura R_o = 8 e na trama R_y = 8, com densidade linear de fios de urdidura e trama T_o = T_u = *14* tex e coeficiente de relação dos diâmetros dos fios K_d= 0,5 + 2 são determinados nas variantes, onde os fios estão localizados sem lacunas na urdidura $l_o = d_o$ (Tabela 2. 3) e sem lacunas na trama ly = dy (Tabela 2. 4).3) e sem folgas na trama $l_y = d_y$ (Quadro 2.4), diâmetros dos fios da teia e da trama, altura da onda de flexão da teia e da trama, densidade geométrica dos fios da teia e da trama, densidade máxima do tecido na teia e na trama, coeficientes que determinam a ordem da fase da estrutura do tecido.

Tabela 2.3.

Resultados dos cálculos dos parâmetros para a disposição da teia Densidade linear de 14 tex, sem folgas no tecido

Rácio do diâmetro K_d	Diâmetro dos fios de teia d_o, mm	Diâmetro dos fios de trama d_y, mm	Densidade máxima na base P_o, n/dm	Altura da onda de flexão		Densidade geométrica da trama l_y, mm	Densidade máxima da trama P_y, n/dm	Coeficiente que determina a ordem das fases, Kho
				h_o, mm	*Altura* da trama , mm			
0,5	0,090	0,180	1111	0,255	0,015	0,2696	371	1,88
0,6	0,101	0,174	990	0,250	0,020	0,2692	372	1,85
0,7	0,111	0,166	901	0,246	0,024	0,2689	372	1,82
0,8	0,120	0,158	833	0,242	0,028	0,2685	372	1,79
0,9	0,128	0,147	781	0,238	0,032	0,2681	373	1,76
1,0	0,135	0,135	741	0,234	0,036	0,2680	373	1,73
1,2	0,147	0,128	680	0,226	0,044	0,2664	375	1,68
1,4	0,158	0,120	633	0,219	0,051	0,2651	377	1,63
1,6	0,166	0,111	602	0,213	0,057	0,2639	378	1,58
1,8	0,174	0,101	575	0,207	0,063	0,2625	381	1,53
2,0	0,180	0,090	556	0,201	0,069	0,2610	383	1,49

Tabela 2.4.

Resultados dos cálculos para fios de trama de densidade linear de 14 tex sem folgas no tecido

Rácio do diâmetro K_d	Diâmetro dos fios de teia	Diâmetro dos fios de trama	Limites de densidade	Altura das ondas de flexão		Densidade geométrica na base l_o,	Densidade de base máxima P_o,	Fator determinante da ordem das
				Bases	trama h_y			

	d_o, mm	d_y, mm	de patos P_y,n/dm	h_o, mm	, mm	mm	n/dm	fases, Kliv
0,5	0,090	0,180	556	0,069	0,201	0,2610	383	1,49
0,6	0,101	0,174	575	0,063	0,207	0,2625	381	1,53
0,7	0,111	0,166	602	0,057	0,213	0,2639	378	1,58
0,8	0,120	0,158	633	0,051	0,219	0,2651	377	1,63
0,9	0,128	0,090	680	0,044	0,226	0,2664	375	1,68
1,0	0,135	0,135	741	0,036	0,234	0,2680	373	1,73
1,2	0,147	0,128	781	0,032	0,238	0,2681	373	1,76
1,4	0,158	0,120	833	0,028	0,242	0,2685	372	1,79
1,6	0,166	0,111	901	0,024	0,246	0,2689	372	1,82
1,8	0,174	0,101	990	0,020	0,250	0,2692	372	1,85
2,0	0,180	0,171	1111	0,015	0,255	0,2696	371	1,88

A análise dos quadros 2.1-2.4 mostra que quando o rácio dos diâmetros dos fios muda de 0,5 para 2: para a densidade geométrica na urdidura igual ao diâmetro do fio de urdidura, a densidade máxima na urdidura e a altura da onda de flexão dos fios principais diminuem, e a densidade máxima na trama e a altura das ondas de flexão dos fios de trama no tecido aumentam ligeiramente; para a densidade geométrica na trama igual ao diâmetro do fio de trama, a densidade máxima na urdidura e a altura da onda de flexão dos fios principais diminuem, e a densidade máxima na trama e a altura da onda de flexão dos fios de trama aumentam. A análise comparativa dos resultados do cálculo dos parâmetros na disposição dos fios de urdidura e de trama sem folgas no tecido mostra o seguinte: com o aumento da densidade linear do fio: a densidade limite da urdidura e da trama, a densidade máxima da urdidura e da trama diminui; a altura da onda de flexão da urdidura e da trama, a densidade geométrica da urdidura e da trama aumenta. Os gráficos (Fig.2.1-2.8) da dependência da densidade do tecido em relação à teia e à trama, da altura das ondas de flexão dos fios de teia e de trama em relação ao coeficiente da relação de diâmetro, com a densidade geométrica na teia igual ao diâmetro do fio principal l_o=d_o e a densidade geométrica na trama igual ao diâmetro do fio de trama l_y=d_y também são construídos.

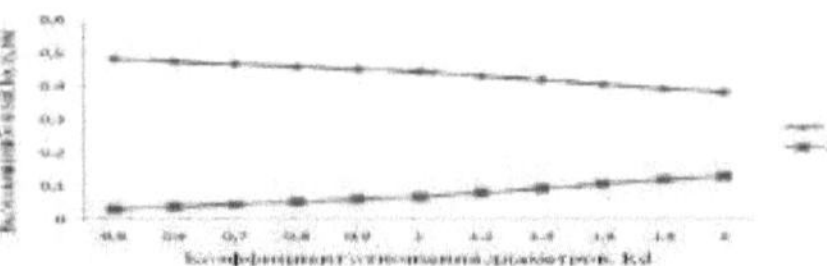

Fig.2.1 O gráfico da dependência da altura da onda de flexão dos fios de teia e de trama de densidade linear 25x2 tex na relação de diâmetro, a l_o=d_o : onde 1- altura das ondas de flexão dos fios de teia; 2- altura das ondas de flexão dos fios de trama.

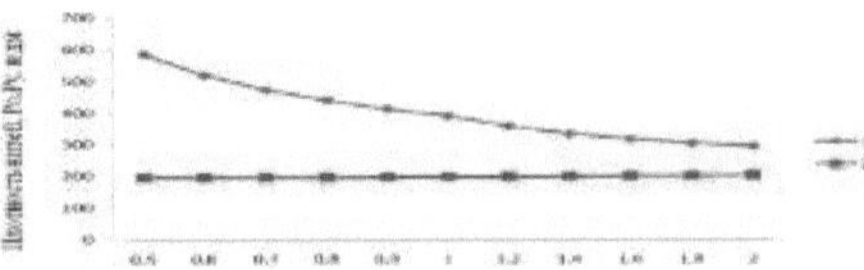

Coeficiente do rácio do diâmetro, Kd

Fig. 2.2: Gráfico da dependência da densidade do tecido na base e na trama de densidade linear 25x2 tex do coeficiente de relação do diâmetro, a l_o=d_o, onde: 1 - densidade limite na base; 2 - densidade máxima na trama.

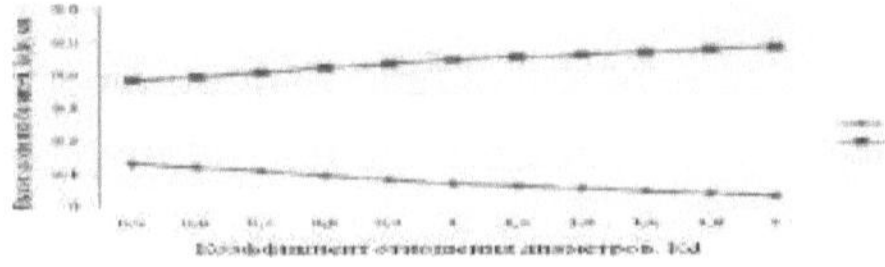

Fig.2.3 Gráfico da dependência da altura da onda de flexão dos fios de urdidura e de trama de densidade linear 25x2 tex da relação dos diâmetros, a l_y=d_y: onde 1- altura das ondas de flexão dos fios de urdidura; 2- altura das ondas de flexão dos fios de trama.

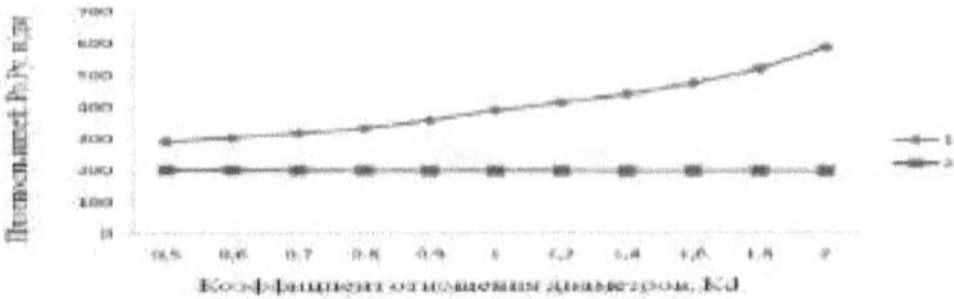

Fig. 2.4. Gráfico da dependência da densidade do tecido na base e na trama de densidade linear de 25x2 tex no coeficiente da relação de diâmetro, em $l_y = d_y$, onde: 1- densidade limite por trama; 2 - densidade máxima por urdidura.

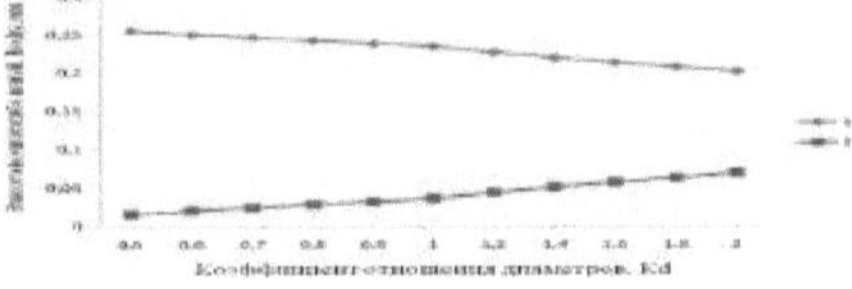

Fig.2.5: Gráfico da dependência da altura da onda de flexão dos fios de urdidura e de trama de densidade linear 14 tex na relação dos diâmetros, a l_o=d_o : onde 1- altura das ondas de flexão dos fios de urdidura; 2- altura das ondas de flexão dos fios de trama.

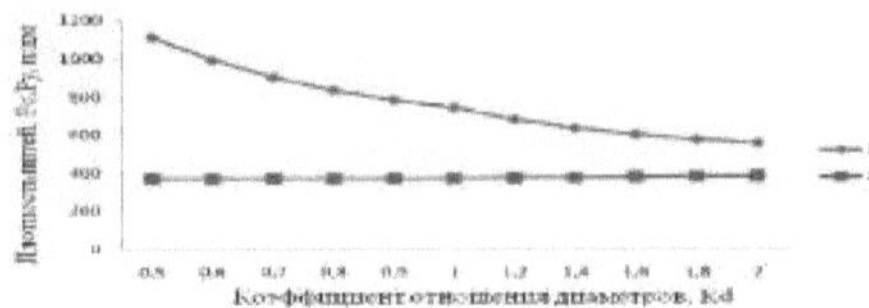

Fig.2.6: Gráfico da dependência da densidade do tecido por urdidura e trama de densidade linear 14 tex na relação dos diâmetros, em l_o=d_o, onde: limitante

densidade de base; 2 - densidade máxima da trama.

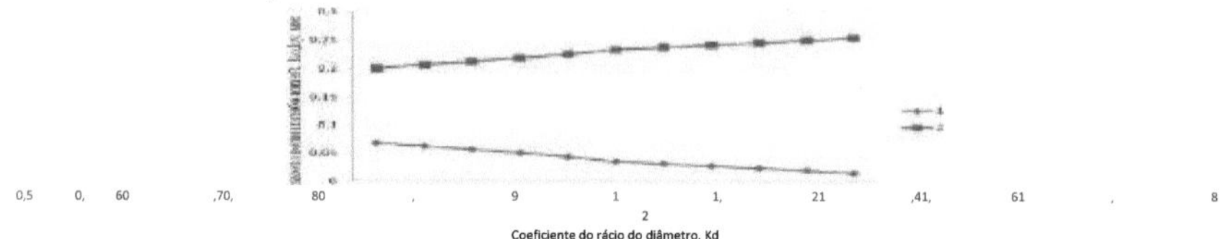

Fig.2.7 Gráfico da dependência da altura da onda de flexão dos fios de urdidura e de trama de densidade linear 14 tex da relação dos diâmetros, a $l_y = d_y$, em que 1- altura das ondas de flexão dos fios de urdidura; 2- altura das ondas de flexão dos fios de trama.

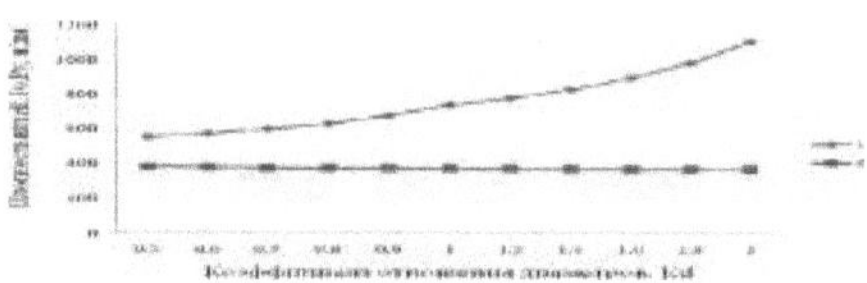

Fig.2.8 Gráfico da dependência da densidade do tecido na base e na trama da densidade linear 14 tex do coeficiente da relação de diâmetro, a $l_y = d_y$, em que $l_y = d_y$:

1- densidade máxima na trama; 2 - densidade máxima na base.

Consequentemente, a relação das ondas de flexão (urdidura-trama) mostra que a formação dos tecidos de vestuário no *tear*: para a primeira variante em $l_o = d_o$ (Figs. 2.1, 2.3, 2.5, 2.7) da estrutura do tecido corresponderá à sétima e à oitava fase da estrutura do tecido, como ho/hy>1; para a segunda variante em $l_y = d_y$ (Fig. 2.2, 2.4, 2.6, 2.8) a estrutura do tecido corresponderá à segunda e à terceira fase da estrutura do tecido, como $h_o/h_y < 1$.

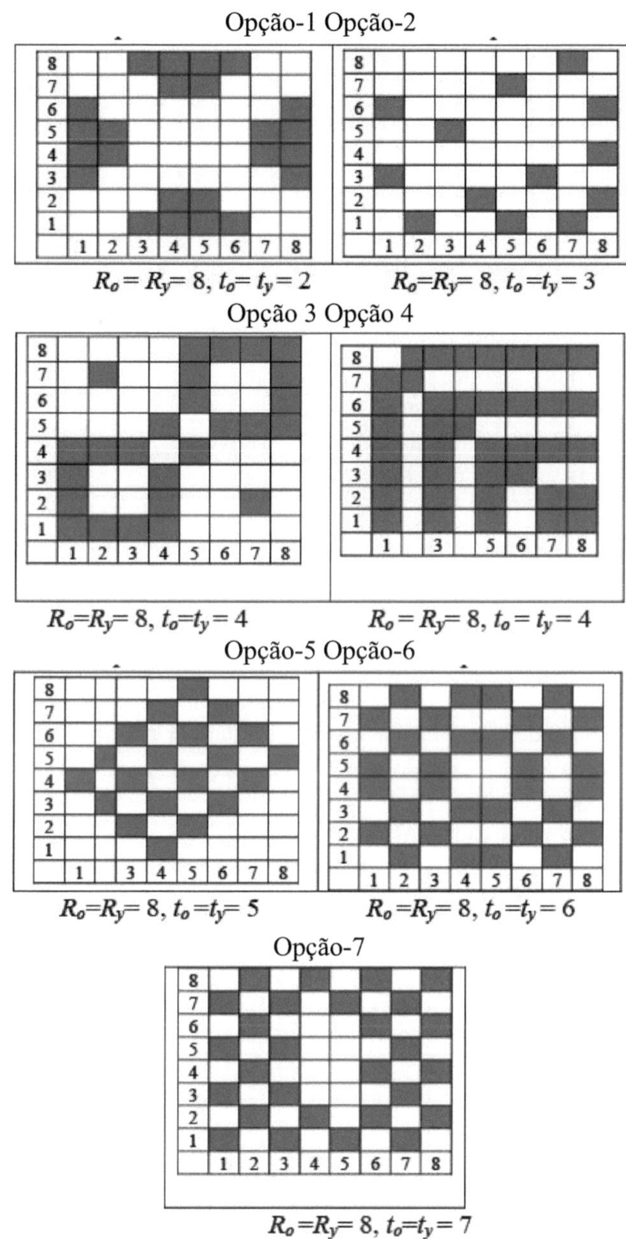

Fig.2.9. Variantes de tecidos com padrões finos.

Os quadros 2.5-2.10 mostram o efeito sobre as densidades geométricas e máximas da urdidura e da trama para um tecido com uma relação de urdidura constante R_o = 8 e uma relação de trama Ry = 8, valores médios variáveis das transições do fio de urdidura *para* e valores médios variáveis das transições do fio de trama t_y no tecido. E a Fig. 2.9 mostra as variantes destas tramas no tecido.

Tabela 2.5.

*oyoy*Densidades geométricas e máximas da teia e da trama para o tecido *R* =*R* = 8, *t* = *t* = 2

Ordem das fases da estrutura dos tecidos	Coeficiente que determina a altura das ondas de flexão		Altura das ondas de flexão, mm		Densidade geométrica, mm		Densidade máxima, fio/dm	
	por vespa novo K.	sobre o pato Khy	por vespa nova, h	trama h	por vespa nove, lo	sobre o pato, em	com base em, Ro	por pato, Ru
Marginal	0,27	1,73	0,069	0,445	0,320	0,257	313	389
III	0,5	1,5	0,128	0,386	0,317	0,277	315	361
IV	0,75	1,25	0,193	0,321	0,312	0,293	320	341
V	1	1	0,257	0,257	0,304	0,304	328	328
VI	1,25	0,75	0,321	0,193	0,293	0,312	341	320
VII	1,5	0,5	0,386	0,128	0,277	0,317	361	315
Marginal	1,73	0,27	0,445	0,069	0,257	0,320	389	313

*oyoy*Densidades geométricas e máximas da teia e da trama para o tecido *R* =*R* = 8, *t* = *t* = *3*

Ordem das fases da estrutura dos tecidos	Coeficiente que determina a altura das ondas de flexão		Altura das ondas de flexão, mm		Densidade geométrica, mm		Densidade máxima, fio/dm	
	com base em Co	pato K1lu	com base em, boo	sobre o pato em	por baseado em, lo	Por pato, IY	por com base em, Ro	por pato, Ru
Marginal	0,27	1,73	0,069	0,445	0,352	0,257	284	389
III	0,5	1,5	0,128	0,386	0,347	0,275	288	364
IV	0,75	1,25	0,193	0,321	0,339	0,311	295	322
V	1	1	0,257	0,257	0,328	0,328	305	305
VI	1,25	0,75	0,321	0,193	0,311	0,339	322	295
VII	1,5	0,5	0,386	0,128	0,275	0,347	364	288
Marginal	1,73	0,27	0,445	0,069	0,257	0,352	389	284

Tabela 2.7.

Valores das densidades geométricas e máximas na teia e na trama para o tecido R_o=R_y = 8, t_o = t_y = 4

Ordem das	Coeficiente que	Altura das ondas	Densidade	Densidade máxima,

fases da estrutura dos tecidos	determina a altura das ondas de flexão		de flexão, mm		geométrica, mm		fio/dm	
	baseado em Kyaw	sobre o pato Kyu	por vespa nové, boo	por bpato EM	Por. vespa nove, lo	em pato, lv	por com base em, Ro	por pato, Ru
Marginal	0,27	1,73	0,069	0,445	0,383	0,257	261	389
III	0,5	1,5	0,128	0,386	0,377	0,281	265	356
IV	0,75	1,25	0,193	0,321	0,367	0,329	272	304
V	1	1	0,257	0,257	0,351	0,351	285	285
VI	1,25	0,75	0,321	0,193	0,329	0,367	304	272
VII	1,5	0,5	0,386	0,128	0,281	0,377	356	256
Marginal	1,73	0,27	0,445	0,069	0,257	0,383	389	261

Valores das densidades geométricas e máximas na teia e na trama para o tecido $Ro=Ry = 8$, $to = ty = 5$

Ordem das fases da estrutura dos tecidos	Coeficiente que determina a altura das ondas de flexão		Altura das ondas de flexão, mm		Densidade geométrica, mm		Densidade máxima, fio/dm	
	com base em Co	sobre o pato Koo	com base em, boo	por pato by	com base em, lo	por pato, IY	por com base em, Ro	por pato, Ru
Marginal	0,27	1,73	0,069	0,445	0,415	0,257	241	389
III	0,5	1,5	0,128	0,386	0,408	0,287	245	348
IV	0,75	1,25	0,193	0,321	0,394	0,347	254	288
V	1	1	0,257	0,257	0,375	0,375	267	267
VI	1,25	0,75	0,321	0,193	0,347	0,394	288	254
VII	1,5	0,5	0,386	0,128	0,287	0,408	348	245
Marginal	1,73	0,27	0,445	0,069	0,257	0,415	389	241

Tabela 2.9.

Valores das densidades geométricas e máximas na teia e na trama para o tecido $Ro=Ry= 8$, $to= ty= 6$

Ordem das fases da estrutura dos tecidos	Coeficiente que determina a altura das ondas de flexão		Altura das ondas de flexão, mm		Densidade geométrica, mm		Densidade máxima, fio/dm	
	com base em Co	sobre o pato Kyu	com base em, boo	por bpato EM	com base em, lo	em pato, lv	por com base em, Ro	por pato, Ru
Marginal	0,27	1,73	0,069	0,445	0,446	0,257	224	389
III	0,5	1,5	0,128	0,386	0,438	0,293	228	341
IV	0,75	1,25	0,193	0,321	0,422	0,365	237	274
V	1	1	0,257	0,257	0,398	0,398	251	251
VI	1,25	0,75	0,321	0,193	0,365	0,422	274	237
VII	1,5	0,5	0,386	0,128	0,293	0,438	341	228

Marginal	1,73	0,27	0,445	0,069	0,257	0,446	389	224

$_{oyoy}$Densidades geométricas e máximas da teia e da trama para o tecido R =R = 8, t = t = 7

Ordem das fases da estrutura dos tecidos	Coeficiente que determina a altura das ondas de flexão		Altura das ondas de flexão, mm		Densidade geométrica, mm		Densidade máxima, fio/dm	
	baseado em Kyo	no pato do Kyu	por vespa Nové, Yo.	por ªpato em	com base em, lo	Por pato, lY	por com base em, Ro	por pato, Ru
Marginal	0,27	1,73	0,069	0,445	0,478	0,257	204	389
III	0,5	1,5	0,128	0,386	0,468	0,300	214	333
IV	0,75	1,25	0,193	0,321	0,450	0,383	222	261
V	1	1	0,257	0,257	0,422	0,422	237	237
VI	1,25	0,75	0,321	0,193	0,383	0,450	261	222
VII	1,5	0,5	0,386	0,128	0,300	0,468	333	214
Marginal	1,73	0,27	0,445	0,069	0,257	0,478	389	204

$_{oy}$A análise comparativa dos resultados do cálculo das densidades geométricas e máximas da urdidura e da trama com o número de transições de fio de 2 a 7 para um tecido com um rapport R =R = 8 mostra que, com o aumento do número de transições de fio dentro do rapport: as densidades máximas da urdidura e da trama diminuem; as densidades geométricas da urdidura e da trama aumentam; a altura da onda de flexão da urdidura e da trama permanece inalterada. Os quadros 2.11 a 2.14 mostram o efeito sobre as densidades geométricas e máximas da urdidura e da trama para os tecidos com relações de urdidura e de trama variáveis nos tecidos de 2 a 5, e os valores médios das transições dos fios da urdidura e da trama nos tecidos.

Tabela 2.11.

Valores das densidades geométricas e máximas da teia e da trama para 1/4 de sarja

Ordem das fases da estrutura dos tecidos Sarja U<	Coeficiente que determina a altura das ondas de flexão		Altura das ondas de flexão, mm		Densidade geométrica, mm		Densidade máxima, fio/dm	
	baseado em Kyo	no pato do Kyu	no fundo, Yo.	ªsobre o pato EM	com base em, lo	em pato, lv	por com base em, Ro	por pato, Ru
Marginal	0,27	1,73	0,069	0,445	0,358	0,257	279	389
III	0,5	1,5	0,128	0,386	0,353	0,290	283	345
IV	0,75	1,25	0,193	0,321	0,345	0,315	299	317
V	1	1	0,257	0,257	0,332	0,332	301	301

VI	1,25	0,75	0,321	0,193	0,315	0,345	317	299
VII	1,5	0,5	0,386	0,128	0,290	0,353	345	283
Marginal	1,73	0,27	0,445	0,069	0,257	0,358	389	279

Tabela 2.12.

Densidades geométricas e máximas da urdidura e da trama em sarja 1/3

Ordem das fases da estrutura dos tecidos Sarja *1/3*	Coeficiente que determina a altura das ondas de flexão		Altura das ondas de flexão, mm		Densidade geométrica, mm		Densidade máxima, fio/dm	
	com base em Co	No pato K11u	por vespa nové, boo	ᵇsobre o pato em	com base em, lo	Por pato, lY	por com base em, Ro	por pato, Ru
Marginal	0,27	1,73	0,069	0,445	0,383	0,257	261	389
III	0,5	1,5	0,128	0,386	0,378	0,298	265	336
IV	0,75	1,25	0,193	0,321	0,367	0,329	273	304
V	1	1	0,257	0,257	0,351	0,351	285	285
VI	1,25	0,75	0,321	0,193	0,329	0,367	304	273
VII	1,5	0,5	0,386	0,128	0,298	0,378	336	265
Marginal	1,73	0,27	0,445	0,069	0,257	0,383	389	261

Quadro 2.13

Valores das densidades geométricas e máximas da urdidura e da trama para a tecelagem em sarja 1/2

Ordem das fases da estrutura dos tecidos Sarja %	Coeficiente que determina a altura das ondas de flexão		Altura das ondas de flexão, mm		Densidade geométrica, mm		Densidade máxima, fio/dm	
	baseado em *Kho*	sobre o pato *Khy*	por vespa novo, *ho*	Por. pato *hy*	Com base, *lo*	Sobre o pato, *ly*	por com base em, *Po*	por pato, *Ru*
Marginal	0,27	1,73	0,069	0,445	0,425	0,257	253	389
III	0,5	1,5	0,128	0,386	0,418	0,312	239	321
IV	0,75	1,25	0,193	0,321	0,403	0,353	248	283
V	1	1	0,257	0,257	0,382	0,382	262	262
VI	1,25	0,75	0,321	0,193	0,353	0,403	283	248
VII	1,5	0,5	0,386	0,128	0,312	0,418	321	239
Marginal	1,73	0,27	0,445	0,069	0,257	0,425	389	253

Valores das densidades geométricas e máximas da teia e da trama para os tecidos de ponto 1/1

Ordem das fases da estrutura dos	Coeficiente que determina a altura das ondas de flexão	Altura das ondas de flexão, mm	Densidade geométrica, mm	Densidade máxima, fio/dm

tecidos Tela 1/1	baseado em K_{ho}	sobre o pato K_{hy}	por vespa nova, h_{oo}	Por. pato h_y	com base em, l_o	sobre o pato, l_y	por com base em, P_o	por pato, R_u
Marginal	0,27	1,73	0,069	0,445	0,509	0,257	197	*389*
III	0,5	1,5	0,128	0,386	0,498	0,339	205	295
IV	0,75	1,25	0,193	0,321	0,476	0,401	210	249
V	1	1	0,257	0,257	0,445	0,445	225	225
VI	1,25	0,75	0,321	0,193	0,401	0,476	249	210
VII	1,5	0,5	0,386	0,128	0,339	0,498	295	205
Marginal	1,73	0,27	0,445	0,069	0,257	0,509	389	197

Da análise dos Quadros 2.11-2.14, conclui-se que, com contagens variáveis de urdidura e trama e com um número variável de transições de urdidura e trama no tecido: as densidades máximas de urdidura e trama diminuem; as densidades geométricas de urdidura e trama aumentam; as alturas das ondas de flexão de urdidura e trama permanecem inalteradas. Com uma variação do chanfro (quadros 2.5, 2.11, 2.12, 2.13, 2.14) na teia e na trama e com um valor constante do número de transições de fios no tecido: a densidade máxima na teia e na trama diminui; a densidade geométrica na teia e na trama aumenta; a altura da onda de flexão na teia e na trama permanece inalterada. A relação entre a densidade real e a densidade máxima é caracterizada pelo teor de fibras do tecido. O fator de enchimento de fibras tem em conta a densidade do tecido, a densidade linear do fio e a tecelagem do tecido.

Fator de enchimento

com base em: $a_o = (L_o - L_T) / L_o \cdot 100\%$ (2.17)

no pato: $a_y = (L_y - B_T) / L_y \cdot 100\%$ (2.18)

Este último, para além da relação de tecelagem, tem em conta o número de transições de fios de um sistema em relação a outro sistema, que determinam o número de transições de cada fio na relação de tecido do fator de enchimento de fibras e do processamento do fio de teia e de trama no tecido. É conveniente determinar o número de transições de cada fio no tecido de trama fina e, com base neste índice, determinar a taxa de enchimento de fibras e o processamento do fio de teia e de trama no tecido.

Tabela 2.15.

Influência do número de passagens do fio no fator de enchimento

№	Parâmetros que determinam a estrutura do tecido				Fator de enchimento		
	R_o	R_y	*para*	*tipo*	com base em K_{no}	sobre o pato de K_{nu}	Tecidos K_T
1.	8	8	2	2	0,62	0,86	0,53

2.	8	8	3	3	0,70	0,92	0,64
3.	8	8	4	4	0,78	0,99	0,77
4.	8	8	4	4	0,78	0,99	0,77
5.	8	8	5	5	0,86	1,0	0,91
6.	8	8	6	6	0,94	1,1	1,0
7.	8	8	7	7	1,0	1,2	1,2

A análise da Tabela 15 mostra que, para um tecido com um relatório $R_o = R_y = 8$ na urdidura e na trama, quando o número de transições de fios muda de 2 para 7, o fator de enchimento na urdidura, na trama e no tecido aumenta. Por conseguinte, o processo mais intensivo de produção de tecido no tear tem lugar na sétima variante: o fator de enchimento na teia é igual a ***Kno*** = *1*,0; o fator de enchimento na trama é igual a K_{nu} = *1*,*2*; o fator de enchimento do tecido é igual a K_t = *1*,*2*. O rendimento dos fios no tecido é um dos parâmetros principais, que permite estimar, numa primeira aproximação, as condições de produção do tecido na máquina. O consumo de matérias-primas é determinado pelo rendimento. O rendimento é influenciado pelo tipo de matéria-prima, pela densidade linear do fio, pela forma da secção transversal do fio, pela tecelagem, pela densidade da teia e da trama, pela ordem da fase de construção, pelos parâmetros de enfiamento e de tecelagem no tear. A diferença entre os comprimentos dos fios antes da tecelagem e durante a tecelagem é designada por work-in.

Rendimento de base $ao = (L_o - L_T) / L_o \cdot 100\%$ (2,17)

Taxa de mão de obra da trama $a_y = (L_y - B_T) / L_y \cdot 100\ \%$ (2.18)

em que: L_o, L_y - comprimentos da urdidura e da trama antes da tecelagem; L_T, B_T - comprimento e largura do tecido.

Teoricamente, o rendimento do fio no tecido pode ser determinado a partir da disposição mútua dos fios no tecido (Fig. 2.10). Neste caso, são feitas as seguintes suposições: a forma e a área da secção transversal dos fios ao longo de todo o comprimento do tecido são constantes, a distância entre os centros dos fios de um sistema nos locais da sua intersecção com os fios de outro sistema e nas sobreposições são proporcionais ao fator de enchimento do sistema correspondente.

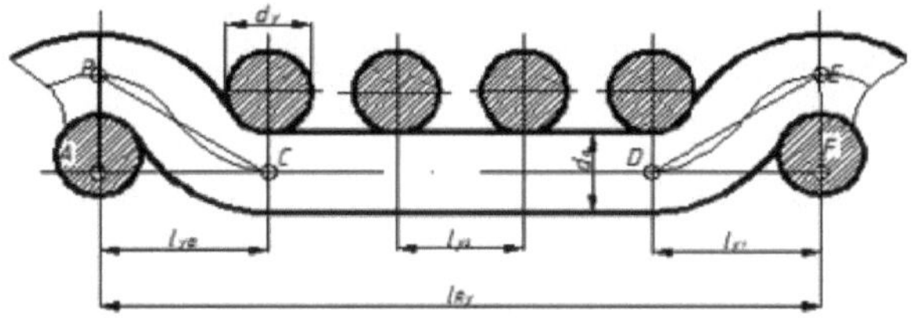

Fig.2.10. Disposição dos fios no tecido

O comprimento de um fio de teia em (L_o) é determinado (Fig.10) pelo comprimento da linha quebrada BCDE, e o comprimento do tecido pela linha reta ACDF.

Rendimento de base $ao = (L_{BCDE} - L_{ACDF})/ L_{BCDE} - 100$

$ao = (BC+CD+DE-AC-CD-DF)/BC+CD+DE100 =$

$= BC+DE-AC-DE / BC+CD+DE100$

em que: BC, DE - zonas onde os fios de teia se cruzam com os fios de trama

$$BC = DE = \sqrt{AC^2 + AB^2} = \sqrt{l_{y\phi}^2 + h_o^2}$$

$_yl\ f$- distância real entre os centros dos fios de trama nos pontos de intersecção dos seus fios principais, ou seja, tendo em conta a ordem da fase de estruturação do tecido e a densidade real da trama do tecido

$$l_{y\phi} = l_y / K_{Hy} = (\sqrt{(d_o + d_y)^2 - hy^2}) / K_{Hy} (2.19)$$

утка O comprimento da parte rectilínea do fio é igual à soma das distâncias entre os fios $CD = l_{y2}(R_y - t_{ocp}) = (R_y - t_{ocp})\, d_y / K_{Hy}$

em que: l_{y2} é a distância entre os fios de trama na sobreposição principal longa

t_{ocp}, t_{ycp}

Substituindo as expressões obtidas, determinamos o trabalho do fio no tecido por urdidura

$$a_o = [t_{ocp} (\sqrt{l_{y\phi}^2 + h_o^2} - l_{y\phi}) / t_{ocp} (\sqrt{l_{y\phi}^2 + h_o^2}) + (R_y - t_{ocp})\, d_y/K_{Hy}]\ 100 \qquad (2.20)$$

Determinar de forma semelhante a margem de costura da trama num tecido

$$a_o = [t_{ycp} (\sqrt{l_{o\phi}^2 + h_y^2} - l_{o\phi}) / t_{ycp} (\sqrt{l_{o\phi}^2 + h_y^2}) + (R_o - t_{ycp})\, d_o/K_{Ho}] \cdot 100 \qquad (2.21)$$

em que: K_{Ho}, K_{Hy} - coeficientes de enchimento do tecido com material fibroso na teia e na trama.

No caso de tecidos com motivos finos, provocados por sobreposições curtas e longas num mesmo relacionamento e com fios igualmente entrelaçados de cada motivo de trama, o trabalho médio do fio é determinado de acordo com as fórmulas.

$$a_o = \frac{100}{R_o} \sum_{i-1}^{n} \frac{t_o(\sqrt{l_{y\phi}^2 + h_o^2} - l_{y\phi}}{t_o\sqrt{l_{y\phi}^2 + h_o^2} + (R_y - t_o)\frac{d_y}{K_{Hy}}} \qquad (2.22)$$

Para os fios de urdidura:

$$a_y = \frac{100}{R_y} \sum_{i-1}^{n} \frac{t_y(\sqrt{l_{o\phi}^2 + h_y^2} - l_{o\phi}}{t_y\sqrt{l_{o\phi}^2 + h_y^2} + (R_o - t_y)\frac{d_o}{K_{Ho}}} \qquad (2.23)$$

Para os fios da trama:

em que: t_o, t_y - respetivamente *o* número de intersecções de urdidura e trama de fios igualmente entrelaçados dentro dos limites do rapport do tecido para cada motivo de trama; *luf, lof* - distância real entre os centros dos fios (trama-base) nos locais de sua intersecção para cada motivo de trama; $(R_y - t_o)\frac{d_y}{K_{Hy}}$, $(R_o - t_y)\frac{d_o}{K_{Ho}}$ - h_o, h_y - altura da onda de flexão dos fios da teia e da trama, respetivamente; R_o, R_y - rácio de tecelagem do tecido; ***n*** - número de fios entrelaçados igualmente de cada motivo de tecelagem, a soma destes números é igual ao rácio de tecelagem do tecido; comprimento da parte direita do fio dentro do rácio de tecelagem.

A produção de variantes de tecidos com padrões finos foi efectuada num tear Thema "Somet Super Excel" no laboratório do departamento "Tecnologia de Tecidos Têxteis". Para o tecido de padrão fino com o padrão de trama na urdidura $R_o=12$ e na trama $R_y=12$, o número de remalhetes 12, o número de palhetas N = 60 dentes/dm, o número de fios apanhados no dente da palheta - 4 fios, a densidade na urdidura 250 n/dm. e na trama 150 n/dm, a densidade linear dos fios principais 25x2 tex, enquanto a densidade linear dos fios de trama variava de 15 tex a 75 tex, a tensão de urdidura variava, para um fio, de 5 a 25 cN e, para o fio de trama, de 5 a 25 cN. A Fig. 2.11 mostra as variantes das tramas de padrão fino, tendo em conta as relações de trama da teia e da trama, o número de cruzamentos de fios de um sistema por outro sistema e o fator de enchimento de fibras na teia e na trama. O quadro 2.16, de acordo com a figura 2.11, apresenta os parâmetros do tecido para doze variantes de tecelagem e o cálculo do trabalho do fio foi efectuado pelas fórmulas (2.22) e (2.23). Para facilitar o cálculo, as intersecções são marcadas com índices que podem ser multiplicados por dois, por exemplo: A intersecção t_{o1} e t_{y1} significa que este segmento tem duas transições, ou seja, $t_{o1}=2$, $t_{y1}=2$. Para t_{o2} = 4 , t_{y2} = 4, $t_{o3}=6$, t_{y3} = 6, etc. Os cálculos efectuados (para T_y= 45 tex) segundo as fórmulas (2.20) e (2.21) mostram que, com a mesma relação de tecido e a mesma intersecção (variantes II, III de trama), o acabamento médio dos fios de teia e de trama é o mesmo.

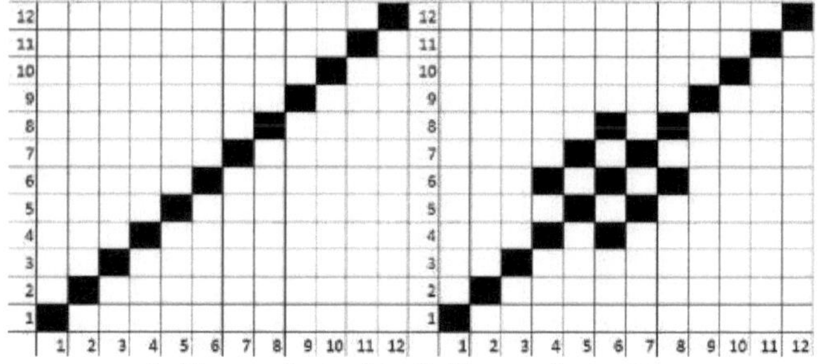

1. Trama do tecido 2. Trama do tecido

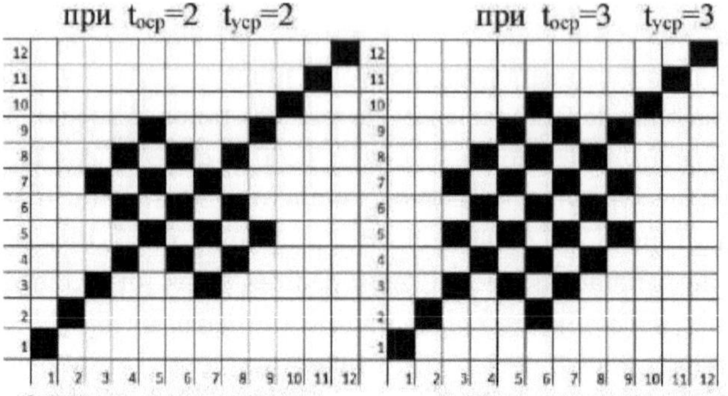

3. Переплетение ткани 4. Переплетение ткани

44 5 at tocp tycp at tocp tycp 5

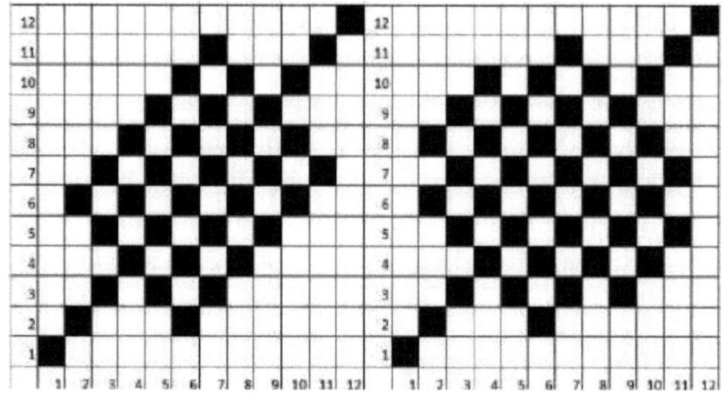

5. Tecelagem de tecidos 6. Tecelagem de tecidos

66 7 at tocp tycp at tocp tycp 7

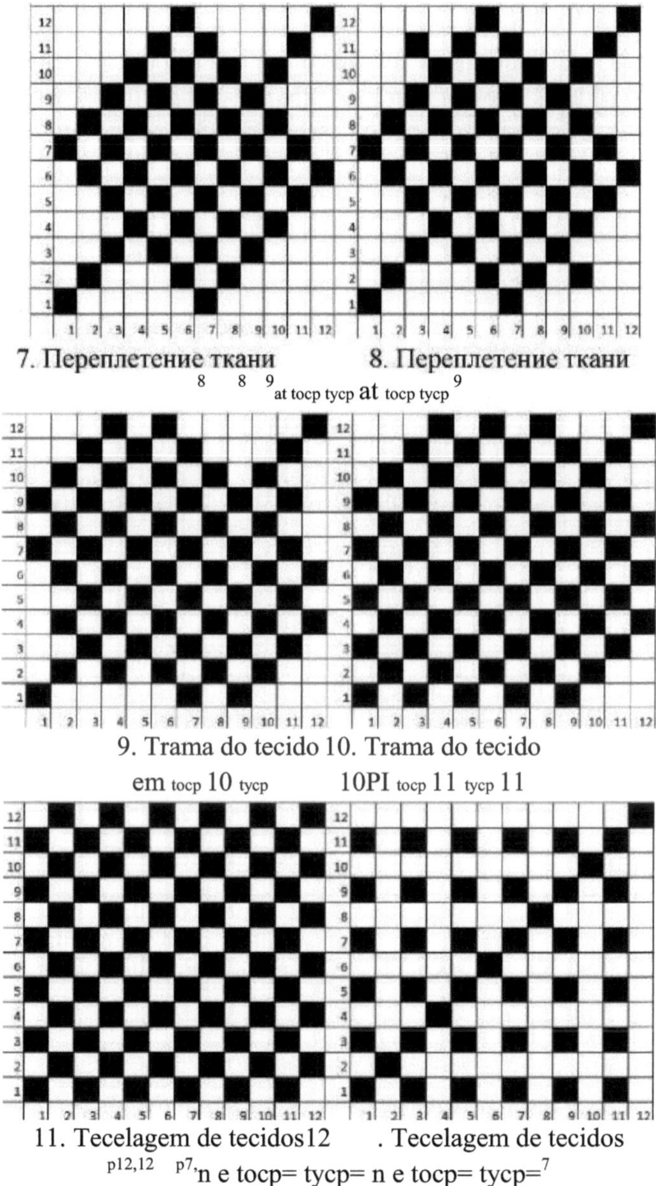

7. Переплетение ткани 8. Переплетение ткани

8 8 9 at tocp tycp at tocp tycp 9

9. Trama do tecido 10. Trama do tecido

em tocp 10 tycp 10PI tocp 11 tycp 11

11. Tecelagem de tecidos12 . Tecelagem de tecidos

p12,12 p7,n e tocp= tycp= n e tocp= tycp=7

Fig.2.11. Variantes de tecidos com padrões finos.

Quadro 2.16

Parâmetros e resultados dos cálculos do processamento do fio de tecidos com padrões finos de acordo com a metodologia proposta

Opções de tecelagem	1	2	3	4	5	6	7	8	9	10	11	12
t01/ni	2/12	2/7	2/5	2/5	2/2	2/2	-	-	-	-	-	2/6
Wn2	-	4/4	4/2	-	4/2	-	4/2	4/2	-	-	-	-
Ypz	-	6/1	6/5	6/4	6/4	6/2	6/2	-	6/2	-	-	-
Yp4	-	-	-	8/2	8/2	8/6	8/4	8/2	-	8/1	8/1	-
t05/n5	-	-	-	10/1	10/2	10/2	10/2	10/6	10/6	10/4	10/4	-
t06/n	-	-	-	-	-	-	12/2	12/2	12/4	12/7	12/7	12/6
tyl/ni	2/12	2/7	2/5	2/3	2/2	2/2	-	-	-	-	-	2/6
ty2/n2	-	4/4	4/2	4/2	4/2	4/2	4/2	4/2	-	-	-	-
ty3/n3	-	6/1	6/5	6/5	6/2	-	6/2	-	6/2	-	-	-
ty4/n4	-	-	-	8/2	8/2	8/4	8/4	8/2	-	8/1	-	-
ty5/n	-	-	-	-	10/2	10/4	10/2	10/6	10/6	10/4	-	-
ty6/n6	-	-	-	-	-	-	12/7	12/2	12/4	12/7	-	-
a 01,%	1,4	1,6	1,8	2,1	2,3	-	-	-	-	-	-	2,6
a 02,%	-	2,1	3,2	-	4,8	-	5,1	6,2	-	-	-	-
a 03,%	-	2,9	4,3	4,4	5	5,1	6,5	-	8,3	-	-	-
a 04,%	-	-	-	4,6	6,2	6,3	7,7	9	-	10,4	11,5	-
a 05,%	-	-	-	5	7,2	7,3	8,7	9,8	10,6	11,6	12,3	-
a 06,%	-	-	-	-	-	-	9,5	10,9	11,4	12,8	13,4	8,8
a osr,%	1,4	2,2	3,1	4,0	5,1	6,2	7,5	9,0	10,1	11,6	12,4	5,7
au1,%	1,5	1,7	1,9	2,1	2,4	2,6	-	-	-	-	-	2,6
au2,%	-	2,2	3,4	4,4	4,5	5,8	5,9	6,6	-	-	-	-
au3,%	-	3,3	4,9	6,2	6,5	-	6,2	-	9,6	-	-	-
au4,%	-	-	-	7,3	7,4	9,4	9,5	10,2	-	12,3	13,4	-
au5,%	-	-	-	-	8,2	10,6	10,8	11,2	12,2	13,7	14,6	-
au6,%	-	-	-	-	-	-	10,9	12,4	13,6	14,5	15,2	10,4
ausr,%	1,5	2,4	3,4	5,0	5,8	7,1	8,6	10,1	11,8	13,5	14,4	6,5

Para as variantes 6 e 12 a $R_o = R_y = 12$:

01030405no primeiro caso t =2 em n=2, t =6 em n=2, t =8 em n=6, t =10 em n=2, tyi=2 em n=2, ty2=4 em n=2,ty4=8 em n=4, ty5=10 em n=4, rendimento médio de urânio na base a_o = 6,2 %, na trama *ay*= 7,1 % ;

no segundo caso $t_{01} = t_{y1} = 2$ a n=6, $t_{06} =$ ty6=12 a n=6, rendimento médio na base a_o = 5,7 % , na trama a_y = 6,5 % .

Como se pode ver, o número de intersecções no suporte é o mesmo, mas, no segundo caso, estas intersecções têm valores extremos $t_{oi} = t_{yi}$ e $t_{o6} = t_{y6}$, e, no primeiro caso, têm valores médios t_{o3}, t_{y2}, $t_{o4} = t_{y4}$ e $t_{o5} = t_{y5}$ no intervalo de **ti a t6** , o que leva a uma diminuição do rendimento da teia em 8 % e do rendimento da trama em 9 %. Além disso, verifica-se que um aumento do número de intersecções (em todas as variantes) no interior do suporte conduz a um aumento do rendimento dos fios de teia e de trama. Do mesmo modo, os cálculos do rendimento do fio para o número médio de intersecções na teia e na trama foram efectuados pelas fórmulas (2.20) e (2.21), de acordo com a Fig. 2.11, cujos resultados são apresentados no Quadro 2.17.

Tabela 2.17.

Parâmetros e resultados dos cálculos do processamento do fio de tecidos com padrões finos utilizando a metodologia existente

Opções de tecelagem	Ro	Ry	losr	lusr	KNo	Knu	losr, mm	lusr, mm	ao,%	ay,%
1	12	12	2,0	2,0	0,807	0,467	0,522	1,092	1,4	1,5
2	12	12	3,0	3,0	0,862	0,502	0,479	1,016	2,3	2,5
3	12	12	4,0	4,0	0,919	0,537	0,449	0,950	3,2	3,6
4	12	12	5,0	5,0	0,972	0,572	0,425	0,892	4,2	4,7
5	12	12	6,0	6,0	1,027	0,607	0,402	0,840	5,3	6,0
6	12	12	7,0	7,0	1,082	0,642	0,382	0,794	6,5	7,3
7	12	12	8,0	8,0	1,137	0,676	0,363	0,754	7,7	8,8
8	12	12	9,0	9,0	1,192	0,741	0,346	0,717	9,1	10,3
9	12	12	10,0	10,0	1,248	0,746	0,331	0,684	10,3	11,9
10	12	12	11,0	11,0	1,303	0,781	0,317	0,653	11,6	13,5
11	12	12	12,0	12,0	1,36	0,816	0,304	0,625	13,0	15,2
12	12	12	7,0	7,0	1,082	0,642	0,382	0,794	6,5	7,3

A análise da Tabela 2.17 mostra que, com a mesma relação e o mesmo número médio de cruzamentos de teia e de trama no tecido (variantes de tecelagem 6 e 12), a média dos fios de teia e de trama é a mesma. Embora se possa ver na Tabela 16 que os valores das variantes 6 e 12 são diferentes, devido à variação diferente dos valores de intersecção (**t**). As tabelas 2.16 e 2.17 mostram que, à medida que as intersecções aumentam com a mesma relação, os valores do fator de enchimento (FF) e do rendimento do fio aumentam. A Tabela 2.18 mostra a influência da densidade linear da trama no coeficiente de enchimento e no trabalho do fio no tecido. No caso geral, com a alteração da densidade linear da trama de T_y = 15 tex para T_u = 75 tex, a tensão de produção do tecido aumenta, o rendimento dos fios de teia aumenta e o rendimento dos fios de trama diminui.

Tabela 2.18.

Influência da densidade linear da trama no desenvolvimento do fio no tecido

№	Densidade linear do fio de trama, tex,	Fator de enchimento		Rendimento do fio, %	
		no fundo, KNO.	sobre o pato, Knu.	no núcleo, e oh.	no pato, ow.
1	15	0,919	0,474	3,2	7,9

2	30	1,01	0,568	5,1	7,5
3	45	1,082	0,642	6,5	7,3
4	60	1,144	0,703	8,3	6,9
5	75	1,190	0,757	9,2	6,3

Quadro 2.19

Influência da tensão de enchimento da teia no desenvolvimento do fio nos tecidos

№	Tensão de enchimento dos fios de teia cN/fio	Tensão de enchimento dos fios de trama cN/fio	% de rendimento do fio	
			no núcleo, *e* oh.	no pato, ow.
1	5	15	7,5	6,1
2	10	15	6,9	6,7
3	15	15	6,6	7,6
4	20	15	6,2	8,2
5	25	15	5,7	8,7

Tabela 2.20.

Influência da tensão de enchimento da trama no desenvolvimento do fio nos tecidos

№	Tensão de enchimento dos fios de trama cN/fio	Tensão de enchimento dos fios de teia cN/fio	% de rendimento do fio	
			com base em	pato
1	5	15	5,7	8,7
2	10	15	6,0	8,1
3	15	15	6,6	7,6
4	20	15	6,9	6,9
5	25	15	7,6	6,4

A tensão de enchimento constante dos fios de urdidura (quadro 2.20) e o aumento da tensão de enchimento do fio de trama de 5 cN. para 25 cN. por fio de urdidura simples, mantendo-se todas as outras condições iguais: o rendimento da urdidura diminui 30 % e o rendimento da trama aumenta 40 %. Os quadros 2.21-2.22 apresentam as caraterísticas numéricas dos rendimentos dos fios de trama e de teia no tecido e os seus erros, que foram determinados de acordo com a metodologia conhecida.

Tabela 2.21.

Caraterísticas numéricas da contagem de fios de trama em tecidos

Opções	Valores de transformação do fio					
	Valor médio de U	[2]Dispersão8 (U)	Desvio médio quadrático S (U)	Coeficiente de variação C(U)	Erro absoluto do valor médio E(U)	Erro relativo do valor médio b(Y)
1	2,0	0,007	0,083	4,2	0,1	5,2
2	3,1	0,007	0,083	2,7	0,1	3,3
3	3,9	0,007	0,083	2,1	0,1	2,6

4	4,9	0,026	0,161	3,3	0,2	4,1
5	6,2	0,059	0,242	3,9	0,3	4,8
6	7,6	0,102	0,320	4,2	0,4	5,2
7	8,8	0,102	0,320	3,6	0,4	4,5
8	10,4	0,160	0,400	3,8	0,5	4,7
9	12,1	0,230	0,480	4,0	0,6	5,0
10	13,2	0,230	0,480	3,6	0,6	4,5
11	15,2	0,290	0,560	3,7	0,7	4,6

Quadro 2.22

Caraterísticas numéricas do rendimento de urdidura em tecidos

Opções	Valores de transformação do fio					
	Valor médio de U	Dispersão S^2 (U)	Desvio médio quadrático S (Y)	Coeficiente de variação C(U)	Erro absoluto do valor médio E(U)	Erro relativo do valor médio de b(U)
1	1,8	0,007	0,083	4,5	0,1	5,6
2	2,6	0,007	0,083	3,2	0,1	4,0
3	3,3	0,026	0,161	4,8	0,2	5,9
4	4,1	0,026	0,161	3,9	0,2	4,8
5	5,1	0,059	0,242	4,7	0,3	5,8
6	6,6	0,102	0,320	4,8	0,4	5,9
7	8,0	0,059	0,242	3,0	0,3	3,7
8	9,3	0,160	0,400	4,3	0,5	5,3
9	11,0	0,230	0,480	4,4	0,6	5,5
10	12,1	0,160	0,400	3,3	0,5	4,1
11	13,4	0,290	0,560	4,2	0,7	5,2

Comparando os resultados dos quadros 2.21, 2.22 e 2.17, nota-se que o carácter da variação do rendimento em todas as variantes é idêntico, ou seja, o rendimento é influenciado pelo número de cruzamentos no rapport do tecido e pelo tipo de matérias-primas utilizadas na trama. No entanto, existem grandes diferenças nos valores absolutos das contagens de fios, o que se deve ao facto de o rendimento calculado pelas fórmulas (2.20), (2.21), (2.22), (2.23) não ter em conta os modos tecnológicos de produção do tecido (tensão dos fios da teia e da trama, dimensão da abertura, dimensão da cala).

No terceiro capítulo, é efectuada a conceção de tecidos de vestuário com propriedades específicas e a sua avaliação de qualidade. O vestuário serve para regular a produção de calor do corpo humano, criando à volta do corpo um ambiente artificial de temperatura regulada, relativamente independente das influências diretas do ambiente externo. Além disso, o vestuário protege o corpo de danos mecânicos, contribuindo assim para a preservação da saúde. O vestuário substitui, portanto, a cobertura protetora natural que falta no corpo humano. O vestuário é essencialmente feito de tecidos. O material para os tecidos é constituído por fibras vegetais (linho, cânhamo, algodão, etc.), fibras animais (lã, seda) e fibras artificiais (seda artificial). O vestuário é, em geral, composto por várias camadas de tecidos, de diferentes espessuras e de natureza diversa, consoante a estação do ano. De acordo com os requisitos de higiene, o vestuário deve ser: homogéneo no sentido da estrutura dos tecidos que fazem parte da sua composição, ou seja, ter as mesmas propriedades físicas iniciais entre si, corte adequado, peso adequado, corresponder às condições ambientais externas e ao estado do corpo, ou seja, à temperatura do ar ambiente, à humidade e ao seu movimento, ao calor radiante do sol e ao bem-estar do corpo; corresponder ao trabalho realizado por uma pessoa. As propriedades higiénicas do vestuário dependem das propriedades dos materiais a partir dos quais o vestuário é criado, ou seja, as propriedades higiénicas dos tecidos. As propriedades higiénicas dos tecidos dependem das propriedades do material de origem (fibra) e da técnica de fabrico do tecido. A elasticidade, a capacidade de humidade e a usabilidade dependem das propriedades do material de origem. O teor de ar (permeabilidade ao ar), a capacidade de água, a evaporação, a condutividade térmica e a transferência de calor dependem do método de processamento. Podem ser obtidos os mesmos resultados a partir da lã, do papel de algodão e do linho, se forem processados de forma a terem as mesmas propriedades higiénicas. Os estudos das propriedades higiénicas dos tecidos foram realizados na seguinte sequência: estudos das propriedades físicas dos tecidos - espessura, peso, gravidade específica, porosidade; estudos da relação do tecido com o ar - permeabilidade ao ar; conceção de tecidos de acordo com uma determinada porosidade. A espessura do tecido é de grande importância no estudo e na avaliação das propriedades higiénicas do tecido. Algumas das suas propriedades - permeabilidade ao ar, transferência de calor, etc. - dependem da espessura do tecido. As diferenças na espessura dos tecidos são causadas pelo desejo de dar uma certa resistência ao material, por requisitos que dependem do objetivo doméstico do tecido, pelo desejo de obter a melhor conservação do calor, etc. A espessura de um mesmo tecido numa peça não é a mesma: está sujeita a flutuações em função do método de fabrico do tecido. Sob a influência de diferentes condições, a espessura do tecido altera-se para um lado ou para o outro. Ao molhar com água, a espessura do tecido aumenta ou diminui (até 30%), independentemente do material (lã, linho, algodão). A humidificação com óleos não altera a espessura dos tecidos. A colocação do tecido num espaço saturado de humidade provoca um aumento da sua espessura. A espessura do tecido também se altera sob a influência do desgaste (diminuição), da ebulição (aumento), da ação do vapor (na desinfeção - até 115 °). As alterações da espessura dos tecidos dependem das propriedades da fibra e do tecido (higroscopicidade, molhabilidade, etc.), bem como do método de fabrico. As alterações de espessura não podem deixar de afetar outras propriedades do tecido (condutibilidade térmica, permeabilidade ao ar, etc.), de modo que as exigências higiénicas a este respeito se reduzem à sua possível invariabilidade em relação a diversos factores e não em detrimento de outras propriedades. A espessura dos tecidos pode ser medida com um medidor de espessura especial ou determinada pela fórmula Tt = do+dy.

Para graus de curvatura desiguais, a espessura do tecido é $_{Ty0Toy}$T = 2d +d ou T = 2d +d . O medidor de espessura é concebido de acordo com o princípio de uma escala de mola com uma seta e um mostrador. Na parte inferior da caixa do instrumento encontra-se uma haste de mola com uma plataforma assente na mesa do pé do instrumento. O tecido é colocado entre esta plataforma e a mesa, para o que a haste com a plataforma é levantada com a ajuda da alavanca na parte superior do aparelho e depois baixada após a colocação do tecido. A espessura do tecido é contada no mostrador pela seta 1 minuto após a colocação do tecido. A precisão da seta é de 0,01 mm. O tecido é constituído por uma mistura de fibras com ar, que se encontra no entrelaçamento destas fibras. [3]O peso volumétrico do tecido, ou seja, o peso de 1 cm, depende da quantidade da substância densa que o compõe. O peso volumétrico do tecido depende do método de tecelagem e da espessura do tecido. O significado higiénico do peso volumétrico de um tecido é que quanto mais baixo for o peso volumétrico, mais ar está contido no tecido, mais solto é e, por conseguinte, mais fácil é a passagem do ar. O peso volumétrico de um tecido é determinado através da reponderação de várias amostras de tecido de área conhecida. As amostras são cortadas num modelo de metal com um tamanho de 10 x 10 *cm*. [222]Em seguida, divide-se o peso médio do tecido pela sua superfície (100 *cm*) e obtém-se o peso de 1 *cm* com uma espessura natural; em seguida, calcula-se o peso de 1 *cm* com uma espessura de 1 cm. $_{\tau}$O peso volumétrico (γ) do tecido pode ser expresso pela fórmula

$$\gamma_T = \frac{10 \cdot в}{n \cdot m}$$

[2]em que *c* é o peso de 1 cm de tecido, *n-área* do mesmo, ***m-espessura***.

[2]Ou peso volumétrico do tecido (γ_T), calculado a partir do peso de um metro de tecido e da sua espessura

$$\gamma_T = \frac{M}{1000 \cdot m} \qquad (3.1)$$

[2]em que: M - peso do tecido de 1 m, em grama; m - espessura do tecido, em mm. Comparando o peso volúmico do tecido (γ_T) com a densidade do material na fibra (γ_β), é possível calcular a proporção do volume do tecido preenchido com material na fibra. [333]O peso específico das fibras de diferentes origens é bastante próximo: o peso específico do algodão é de 1,363 mg/mm; o peso específico da seda é de 1,326 mg/mm; o peso específico da lã é de 1,296 mg/mm. [3]Por conseguinte, pode presumir-se que a gravidade específica de todas as fibras é de 1,3 mg/mm . A porosidade total é calculada como a percentagem do volume de tecido não preenchido com material fibroso

$$R_S = 100 \cdot (1 - \frac{\gamma_T}{\gamma_B}) \qquad (3.2)$$

As propriedades higiénicas dos tecidos também são avaliadas pela sua permeabilidade ao ar, uma vez que esta afecta o teor de dióxido de carbono sob o vestuário; quanto mais elevada for a permeabilidade ao ar dos tecidos que compõem o vestuário, menos dióxido de carbono está contido sob o vestuário, ou seja, mais higiénicos são os tecidos. A permeabilidade ao ar do vestuário depende dos seguintes factores: a permeabilidade dos tecidos ao ar; a espessura da peça de vestuário; a zona do corpo (no peito e nas partes mais fechadas do corpo, as condições de ventilação são mais difíceis, ao passo que nos braços, sob as mangas, são mais favoráveis); e o corte da peça de vestuário. Assim, a respirabilidade é a principal propriedade higiénica dos tecidos. A permeabilidade ao ar de um tecido refere-se à propriedade física de o ar, mesmo sob uma ligeira pressão, passar através dos poros do tecido. A investigação da permeabilidade ao ar dos tecidos e a determinação do seu valor são realizadas em dispositivos especiais, cuja essência se reduz ao facto de o tecido testado passar pela injeção ou sucção de ar. Durante a experiência, são tidos em conta os seguintes dados - o volume de ar que passa através do tecido; a duração da passagem deste volume de ar; a área do tecido através da qual o ar passa; a pressão sob a qual o ar passa. A conceção das propriedades higiénicas dos tecidos é realizada de acordo com a porosidade determinada. São definidos os dados iniciais para a conceção, a porosidade do tecido R_S, a trama, a fase da estrutura do tecido, o coeficiente de enchimento por urdidura ou trama, a densidade linear do fio por urdidura e trama, o coeficiente de relação das densidades ou dos diâmetros dos fios, os coeficientes de alteração dos tamanhos dos fios no tecido.

Em primeiro lugar, determina-se o diâmetro do fio calculado antes da tecelagem

$$d_{cp}=0{,}0316C\sqrt{\frac{T_o+T_y}{2}} \quad (3.3)$$

Determinar a densidade do tecido na teia

$$P_o=\frac{100(K_d+1)K_{Ho}}{d_{cp}(K_d\cdot\eta_{oz}+\eta_{yz})\sqrt{4-K_{ho}^2}} \quad (3.4)$$

A densidade da trama do tecido é expressa através da densidade máxima possível da trama e do fator de enchimento de fibras desconhecido do tecido.

$$P_y=P_{ymax}\cdot K_{Hy}=\frac{100(Kd+1)K_{Hy}}{d_{cp}(K_d\cdot\eta_{oz}+\eta_{yz})\sqrt{4-K_{hy}^2}} \quad (3.5)$$

O fator de enchimento do tecido de trama com material fibroso é determinado a partir do rácio da porosidade do tecido

$$R_s=100-d_{oz}\cdot P_o-d_{yz}\cdot P_y+0{,}01d_{oz}\cdot d_{yz}\cdot P_o\cdot P_y \quad (3.6)$$

Onde: $d_{oz}=d_o\cdot\eta_{oz}$, $d_{yz}=d_y\cdot\eta_{yz}$

Contagem teórica de fios de teia em tecidos

$$a_o=\frac{L_o-L_{To}}{L_o}\cdot 100\% \quad (3.7)$$

$$L_o=\sqrt{l_{y\phi}^2+h_o^2}; \quad (3.8)$$

$$L_{To}=l_{y\phi}=100/P_y; \quad (3.9)$$

$$h_o=\frac{d_{oz}+d_{yz}}{2}\cdot K_{ho}; \quad (3.10)$$

Processamento de fios em tecidos de trama

$$a_y=\frac{L_y-L_{Ty}}{L_y}\cdot 100\% \quad (3.11)$$

$$L_y=\sqrt{l_{o\phi}^2+h_y^2}; \quad (3.12)$$

$$L_{Ty}=l_{o\phi}=100/P_o; \quad (3.13)$$

$$h_y=\frac{d_{cp}(\eta_{oz}+\eta_{yz})}{2}\cdot K_{hy}; \quad (3.14)$$

$$K_d=\frac{d_o}{d_y}=\frac{50}{45}=1{,}1,$$

'oy Dada a tarefa de conceber um tecido com porosidade $R = 38 \pm 1$, a densidade linear da urdidura e da trama *T = 25x2*, *T = 45tex*, o coeficiente do fio **C** é 1,25, o coeficiente da relação entre os diâmetros da urdidura e da trama antes da tecelagem do tecido de acordo com a Figura 3.1, de acordo com os requisitos técnicos, o tecido de VI ordem de estrutura de fase, ou seja, tecido de alta densidade na urdidura e **Kho=** 1,2 e **Khy=** 0,8; KHO= 0,85, e o coeficiente de enchimento do tecido na trama é determinado pela porosidade dada do tecido, o coeficiente de mudança de diâmetros dos fios nos tecidos

$\eta_{oz}=1{,}1$, $\eta_{yz}=1{,}1$, $\eta_{ov}=0{,}8$, $\eta_{yv}=0{,}8$.

1) Determinar o diâmetro calculado do fio antes da tecelagem através da fórmula

$$d_o=d_y=d_{cp}=0{,}0316{\cdot}1{,}25\cdot\sqrt{\frac{50+45}{2}}=0{,}272\text{мм}$$ (3.3)

2.Estimativa dos diâmetros dos fios tendo em conta a sua variação dimensional nos tecidos de teia e de trama

$$d_{oz}=d_o\cdot\eta_{oz}=0{,}272{\cdot}1{,}1=0{,}299\text{мм}$$

$$d_{yz}=d_y\cdot\eta_{yz}=0{,}272{\cdot}1{,}1=0{,}299\text{мм}$$

$$d_{ov}=d_o\cdot\eta_{ov}=0{,}272{\cdot}0{,}8=0{,}218\text{мм}$$

$$d_{yv}=d_y\cdot\eta_{yv}=0{,}272{\cdot}0{,}8=0{,}218\text{мм}$$

3) Determinar por (4) a densidade do tecido na base

$$P_o=\frac{100(1{,}1+1)\cdot0{,}85}{0{,}272\cdot(1\cdot1{,}1+0{,}8)\sqrt{4-1{,}2^2}}=246\text{н}/\text{дм}$$

4) Determinemos por (3.5) a densidade da trama do tecido através da densidade máxima possível da trama e do valor desconhecido do fator de enchimento de fibras do tecido

$$P_y=\frac{100(0{,}9+1)\cdot K_{Hy}}{0{,}272\cdot(0{,}9\cdot0{,}8+1{,}1)\sqrt{4-0{,}8^2}}=208K_{Hy},$$

5) Determinar o coeficiente de enchimento do tecido por trama com matéria fibrosa através da fórmula (3.6)

$$38{,}5=100-0{,}299{\cdot}246-0{,}299{\cdot}208{\cdot}K_{Hy}+0{,}01{\cdot}0{,}299{\cdot}0{,}299{\cdot}246{\cdot}208{\cdot}K_{Hy}$$

De onde $38{,}5=26{,}5-16{,}5{\cdot}K_{Hy}$

$$K_{Hy}=\frac{12}{16{,}5}=0{,}727$$

6. o coeficiente obtido proporciona uma elevada conetividade dos tecidos e encontra-se dentro do intervalo normal.

Densidade da trama do tecido após a introdução de KHy na fórmula (3.5)

$_{yHy}P$ = 208- K = 208-0,727 = *150nits / dm*

7. trabalhar os fios de urdidura no tecido

$$L_o = \sqrt{0{,}6667^2 - 0{,}261^2} = 0{,}716мм$$

$$l_{уф} = l_{То} = \frac{100}{150} = 0{,}667мм$$

$$h_o = \frac{0{,}272(0{,}8+0{,}8)}{2} \cdot 1{,}2 = 0{,}261мм;$$

$$a_o = \frac{0{,}716 - 0{,}6667}{0{,}716} \cdot 100 = 6{,}9\%;$$

8. Acabamento dos fios de trama no tecido

$$L_y = \sqrt{0{,}407^2 + 0{,}174^2} = 0{,}443мм, \qquad l_{оф} = L_{Ту} = \frac{100}{484} = 0{,}407мм$$

$$h_y = \frac{0{,}272(0{,}8+0{,}8)}{2} \cdot 0{,}8 = 0{,}174мм; \qquad a_y = \frac{0{,}443 - 0{,}407}{0{,}443} \cdot 100 = 8{,}1\%$$

O tecido com padrão fino foi produzido na máquina Thema "Somet Super Excel" no laboratório do Departamento de Tecelagem com rácio de tecelagem R_o = 12 na urdidura e R_y = 12 na trama, número de remizas na confeção 12, número de canas N = 60 dentes/dmm, o número de fios apanhados no dente da cana - 4 fios, densidade na teia 250 n/dm. e na trama 150 n/dm., densidade linear dos fios principais 25x2 tex, densidade linear dos fios da trama 45 tex. As Figs. 3.1-3.4 mostram as variantes de tecelagem com padrões finos, tendo em conta os padrões de tecelagem na teia e na trama, o número de cruzamentos de fios de um sistema por outro sistema, o fator de enchimento das fibras na teia e na trama.

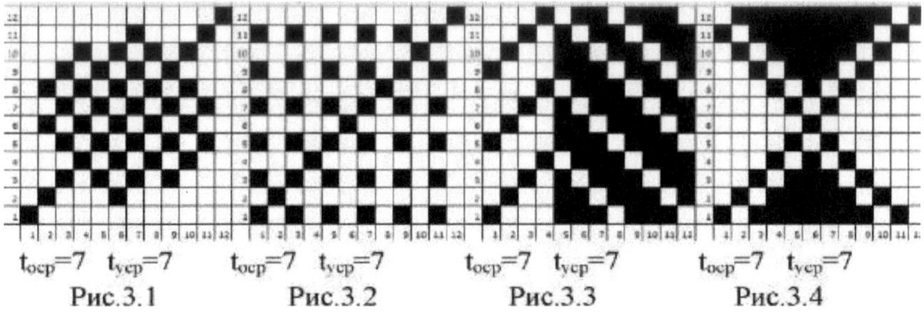

$t_{оср}$=7 $t_{уср}$=7 Рис.3.1 — $t_{оср}$=7 $t_{уср}$=7 Рис.3.2 — $t_{оср}$=7 $t_{уср}$=7 Рис.3.3 — $t_{оср}$=7 $t_{уср}$=7 Рис.3.4

Os quadros 3.1 e 3.2 apresentam as caraterísticas numéricas dos fios de teia e de trama do tecido e os seus erros, que são determinados pelas fórmulas (2.26) a (2.31).

Tabela 3.1.

Caraterísticas numéricas do rendimento de urdidura em tecidos

№	Opções de amostras de tecido	Valores de transformação do fio					
		Valor médio de U	и2E s pérsia S (U)	Desvio médio quadráticoZ (Y)	Coeficiente de variação e C(U)	Valor médio do erro absoluto	Erro relativo do valor médio de

						E(U)	b(Y)
1	I	6,0	0,04	0,2	3,3	0,3	4,2
2	II	4,2	0,02	0,14	3,4	0,3	4,2
3	III	5,5	0,02	0,14	2,5	0,2	3,1
4	IV	4,5	0,03	0,17	3,8	0,2	4,7

Tabela 3.2.

Caraterísticas numéricas dos fios de trama em tecidos

№	Opções de amostras de tecido	Valores y enfiamento					
		Valor médio de U	²Dispersão S (U)	Desvio médio quadráticoZ (Y)	Coeficiente de variação de C(U)	Valor médio do erro absoluto E(U)	Erro relativocr valor unitário b(U)
1	I	7,0	0,07	0,27	3,8	0,3	4,7
2	II	5,3	0,04	0,2	3,8	0,3	4,7
3	III	6,5	0,06	0,25	3,8	0,3	4,7
4	IV	5,5	0,05	0,22	4,0	0,3	4,9

A análise dos quadros 3.1 e 3.2 (variantes 1 e 2 das amostras de tecido) mostra que, para a mesma relação de tecido e as mesmas intersecções de fios (Fig. 3.1 e Fig. 3.2), os rendimentos médios dos fios de teia e de trama não são os mesmos. Para a variante 1 (Fig. 3.1) - a R_o=R_y= 12, t_{o1} =t_{y1} = 2 a **n** = 2, t_{o3} = t_{y3} = 2 a **n** = 2, t_{o4} = t_{y4} = 8 a **n** = 6, t_{o5} = t_{y5} = 10 a n = 2 - o rendimento médio da urdidura a_o = 6,0 %, da trama a_u = 7,0 %.

Para a variante 2 (Fig.3.2) - t_{o1} = t_{y1} = 2, a **n** = 6 e t_{o6} = t_{y6} = 12 a **n** = 6 rendimento médio na base a_o = 4,2%, na trama a_u = 5,3%.

Como se pode ver, o número de intersecções no relatório é o mesmo, mas no segundo caso as intersecções têm valores extremos t_{o1}=t_{y1} e t_{o6}=t_{y6}, e no primeiro caso os valores médios são t_{o4}=t_{y4} и t_{o5} = t_{y5} no intervalo de t_1 a t_6, o que leva a redução do rendimento médio da urdidura em 30% e do rendimento da trama em 24%. Além disso, o quadro 3.1 e o quadro 3.2 (variantes 3.1-3.4 das amostras de tecido) mostram que a diminuição do número de cruzamentos de fios no interior do rapport conduz a uma diminuição do rendimento dos fios de teia e de trama do tecido.

Tabela 3.3.

Caraterísticas numéricas da porosidade do tecido

№	Opções de amostras	Valores de porosidade do tecido, %					
		Valor	Дис²Pérsia	Desvio médio	Coeficiente	Erro absoluto	Erro relativo

	de tecido	médio de U	S (U)	quadrático S (U)	de variação C(U)	médio E(U)	do valor médio b(Y)
1	I	38	0,8	0,9	2,4	1,0	3,0
2	II	53	1,0	1,0	2,0	2,0	3,5
3	III	35	0,8	0,9	2,6	1,0	3,3
4	IV	47	1,1	1,05	2,4	2,0	3,0

Tabela 3.4.

Caraterísticas numéricas da respirabilidade dos tecidos

№	Opções de amostras de tecido	[2]Valores de respirabilidade do tecido, (*slg' cm s*)					
		Valor médio de U	Дис[2]Pérsia S (U)	Desvio médio quadrático eS (Y)	Coeficiente de variação C(U)	Valor médio do erro absoluto E(U)	Erro relativo do valor médio de b(Y)
1	I	32	0,6	0,8	2,4	1,0	3,0
2	II	99	2,8	1,7	1,7	4,0	2,0
3	III	30	0,8	1,2	1,1	4,0	3,6
4	IV	90	3,2	1,8	2,0	3,6	4,0

As tabelas 3.3 e 3.4 apresentam as caraterísticas numéricas da porosidade do tecido e da permeabilidade ao ar. A análise dos quadros 3.3 e 3.4 mostra que a diminuição do número de cruzamentos de fios de um sistema por outro sistema leva a um aumento da porosidade do tecido e, consequentemente, a um aumento dos valores da permeabilidade ao ar dos tecidos de vestuário. Do mesmo modo, foram calculadas três variantes de tecidos de seda natural lisos e uma variante de tecidos de seda natural acabados e os seus parâmetros de enchimento são apresentados no Quadro 3.5. Estas amostras de tecidos de seda natural foram produzidas nas condições do "Uzbek Scientific Research Institute of Natural Fibres" nos teares sem lançadeira do tipo STB.

Tabela 3.5.

Parâmetros de enchimento de tecidos de seda natural

№	Nome	Unidade.	Indicadores de amostras de tecido			
			I grave	II grave	III grave	IV terminado
1	Densidade linear do fio principal	tex	2,33x3 torcido Z.S, (2400)	2,33x4 suave	2,33x4 suave	2,33x4 suave
2	Densidade linear do fio de trama	tex	2,33x3 torcido Z.S, (2400)	2,33x4 torcido Z.S, (2400)	2.33x8 torcido Z.S, (2400)	2.33x8 torcido Z.S, (2400)
3	Largura do tecido acabado	ver.	65	172	172	170
4	Largura do tecido	ver.	84	176	176	176

5	Largura de enchimento na cana	ver.	84	176	176	176
6	Densidade do tecido na base	n/dm	258	360	360	374
7	Densidade da trama	n/dm	158	330	210	216
8	Número de fios de teia	peças.	2520	25648	25648	25648
9	Número Reed	dente/dm	150	180	180	180
10	Densidade da superfície do tecido	gr/m^2	51	78	88	73
11	Enchimento de tecido	%	47	56	56	66

O significado da densidade da superfície do tecido (ponto 10 do quadro 3.5) é que se trata de um indicador de controlo bastante sensível da exatidão da seleção do tecido, uma vez que tem um impacto significativo nas propriedades higiénicas do vestuário, pelo que é mais racional utilizar uma amostra de tecido em que é utilizado o indicador mais baixo de densidade da superfície do tecido. Foram efectuados estudos tecnológicos, físico-mecânicos, estéticos e higiénicos sobre as amostras de tecidos concebidos e produzidos a partir de seda natural, com base nos seguintes indicadores: transformação do fio na base e na trama; não enrugamento do tecido; capacidade de deslizamento do tecido; carga de rutura do tecido; porosidade do tecido; permeabilidade ao ar do tecido. Os resultados da investigação de tecidos de seda natural são apresentados no quadro 3.6. A partir do quadro 3.6, conclui-se que a diminuição da densidade do tecido na amostra I permite reduzir o processamento dos fios de teia e, consequentemente, poupa o consumo de matérias-primas dispendiosas.

Quadro 3.6

Caraterísticas das amostras de tecido de seda natural

Opções de amostras de tecido	Valores dos indicadores					
	Rendimento do tecido, (%)	Firmeza dos tecidos, (%)	Extensibilidade dos tecidos, (N)	Carga de rutura do tecido, (N)	Porosidade do tecido, (%)	Permeabilidade ao ar do tecido (*cmslms*)
I	4,0/2,0	50/49	17/19	316/474	84	356
II	9,0/1,9	22/23	22/17	464/474	75	221
III	9,0/1,5	22/22	22/18	464/612	77	284
IV	16/4,0	57/57	22/22	404/355	69	156

em que: numerador - índice para a urdidura; denominador - índice para a trama.

O valor da não esmagabilidade na amostra I, devido ao fio principal torcido, tem uma influência significativa na preservação do aspeto bonito dos tecidos, quando comparado com outras amostras de tecido. Os valores da carga de tração e da mobilidade dos tecidos estão dentro dos documentos normativos para todas as amostras de tecidos de seda natural. Também a análise das tabelas 3.5 e 3.6

mostra que os tecidos após o acabamento da amostra IV, em comparação com a amostra III, reduzem a sua permeabilidade ao ar. A maior influência no índice de permeabilidade ao ar é a densidade do tecido na teia e na trama. A redução da densidade do tecido (amostra I) aumenta a sua permeabilidade ao ar em relação às outras amostras II, III e IV. Assim, os resultados das investigações atestam as excelentes caraterísticas do tecido da amostra I no que respeita a indicadores como o acabamento do fio do tecido, a ausência de desgaste do tecido, a extensibilidade do tecido, a carga de tração do tecido, a porosidade do tecido e a permeabilidade ao ar do tecido, indicadores esses que são indubitavelmente superiores aos de outras amostras ou que correspondem a documentos normativos. A qualidade dos tecidos de vestuário também foi avaliada. Os tecidos de vestuário devem possuir um conjunto de propriedades físico-mecânicas e higiénicas e de resistência ao desgaste. Durante o seu funcionamento, estão sujeitos a efeitos mecânicos repetidos (estiramento, flexão, etc.). Nos tecidos de vestuário utilizam-se frequentemente materiais sintéticos, que pioram as suas propriedades higiénicas, pelo que a utilização de materiais naturais melhora significativamente estas propriedades, tendo em conta as condições climáticas da região. As amostras de tecidos desenvolvidas (10 variantes) foram testadas para a investigação das propriedades físicas e mecânicas (estiramento, alongamento, abrasão) e propriedades higiénicas (permeabilidade ao ar) no centro de certificação do TITLP em dispositivos modernos, de acordo com a metodologia desenvolvida de investigação laboratorial de tecidos. $_{popypopy}$O quadro 3.7 apresenta os resultados da carga de rutura sobre a teia (P) e a trama (P), do alongamento *(l*) e (*l*), da abrasão e da permeabilidade ao ar dos tecidos para dez variantes (I-X) com relação variável e número de transições de fios na trama. No numerador, são apresentados os desempenhos dos tecidos com trama de algodão e, no denominador, os desempenhos dos tecidos com trama de capron.

Quadro 3.7

Efeito do rapport variável e do número de transição de fios variável numa trama sobre a respirabilidade de um tecido.

№	Opções de tecelagem	RO	Ry	losr	W	Com base em		Sobre o pato		Esfregar, ciclo	[32]Permeabilidade ao ar, cm /cm s
						P_{roo}, fio/dm	l_{ro}, cm	Rru, fio /dm	l_{ru}, cm		
1	I	4	4	3,0	3,0	323 328	12,2 11,9	618 1015	13,5 16,6	69 38	54 127
2	II	6	6	4,7	4,7	376 339	12,7 9,7	671 1671	12,9 32,6	74 28	162 260

3	III	6	6	4,7	4,7	363 328	12,7 9,7	654 1634	12,5 32,6	64 22	66 127
4	IV	12	12	9,3	9,3	371 305	12,5 8,7	630 1655	12,5 31,6	61 18	88 156
5	V	12	12	9,3	9,3	371 311	12,5 12,7	626 1634	13,9 31,8	57 19	89 169
6	VI	12	12	7,2	7,2	275 274	10,4 12,0	570 1565	11,9 33,7	35 16	113 237
7	VII	12	12	8,3	9,0	301 305	10,4 8,7	617 1614	12,6 27,8	47 15	123 203
8	VIII	12	12	6,3	5,5	236 269	10,7 14,4	560 1551	10,2 15,9	21 12	134 253
9	IX	12	12	8,8	8,8	320 308	10,1 10,1	599 1604	12,2 22,2	49 17	127 221
10	X	12	24	16	7,0	384 361	13,0 15,2	574 1570	11,8 31,2	53 16	97 182

A análise do Quadro 3.7 mostra que as propriedades físico-mecânicas e higiénicas do tecido são influenciadas pelo número de transições de fios da teia e da trama dentro do padrão, bem como pelo tipo de matéria-prima utilizada na trama (numerador - algodão, denominador - kapron). Os dados relativos à carga de rutura, à abrasão e à permeabilidade ao ar ilustram claramente que, com o aumento do número de transições de fios (tocp e tycp): a carga de rutura na teia e na trama aumenta; a abrasão do tecido aumenta; a permeabilidade ao ar do tecido diminui; a exceção é a variante II, uma vez que a trama se forma no tecido como uma rede.

A utilização da trama de capron conduz a um aumento da carga de rutura, do alongamento e da respirabilidade, bem como a uma diminuição da abrasão em comparação com os tecidos em que é utilizada a trama de algodão, devido às propriedades físicas e mecânicas do fio de capron (carga de rutura, baixo coeficiente de atrito, alongamento, etc.). É razoável utilizar amostras da variante II como tecidos de vestuário, uma vez que este tecido tem bons indicadores de propriedades físicas e mecânicas, propriedades higiénicas e propriedades de consumo. A Tabela 3.8 mostra a influência de uma relação constante e de um número variável de transição de fios na trama sobre a permeabilidade ao ar do tecido.

Tabela 3.8.

Efeito de uma relação constante e de um número de transição de fios variável numa trama sobre a respirabilidade de um tecido.

№	Parâmetros da estrutura do tecido	^{32}Permeabilidade ao ar do tecido, cm /cm s	Densidade superficial do tecido, g/m^2

	Ro	Ry	para	tipo	Pato branco	Pato preto	Pato branco	Pato preto
1.	8	8	2	2	152	124	147	148
2.	8	8	3	3	130	112	155	156
3.	8	8	4	4	115	103	160	163
4.	8	8	4	4	114	104	158	161
5.	8	8	5	5	103	98	166	168
6.	8	8	6	6	94	77	172	174
7.	8	8	7	7	87	65	179	180

Foram utilizadas sete variantes de tecelagem de padrões finos com o rapport Ro = Ry = 8, com o número de transições de fios (t_o, t_y) de dois a sete (Fig.2.9.), densidade linear de fios de teia To = 20 tex, densidade de tecido Ro = 240 fios/dm, duas cores de fios de trama - branco e preto, densidade linear de fios de trama Tu = 18,5x2 tex e densidade de tecido de trama Ru = 300 fios/dm. A análise do quadro 3.8 mostra que, para as tramas de tecidos com padrões finos com a relação R_o = R_y = 8, quando o número de transições de fios (t_o,t_y) aumenta de dois para sete, nas variantes com fios de trama brancos, a permeabilidade ao ar do tecido aumenta 43%, e nas variantes com fios de trama pretos, a permeabilidade ao ar do tecido aumenta 48%, e a densidade da superfície do tecido mantém-se inalterada. A comparação de fios de trama brancos e pretos no tecido mostra que a permeabilidade ao ar do tecido diminui em média 14%, quando se utilizam fios de trama pretos no tecido. As amostras de tecido desenvolvidas devem satisfazer os requisitos estéticos dos tecidos em termos de moda, cor, textura do material, tecelagem e aparência. Os professores, especialistas da indústria, mestres, etc. podem ser utilizados como peritos para avaliar as propriedades estéticas dos tecidos. Para a avaliação de peritos, utilizam-se os dados de um inquérito a **m** - especialistas-peritos pré-selecionados n - propriedades das variantes de materiais x_i, **X2**, x_n, que dão uma estimativa da sua importância, denotam

O indicador de qualidade mais importante é assinalado com a classificação **R** = 1 e o menos importante com a classificação **R** = **n** (Quadro 3.9). Se algumas propriedades, de acordo com a opinião do perito, forem igualmente importantes, então tomamos a média das classificações adjacentes e marcamos cada uma das propriedades. Os resultados do inquérito dos peritos são introduzidos numa tabela matriz, que é utilizada para determinar a importância das propriedades e para calcular o coeficiente de concordância, que caracteriza a consistência das avaliações dos peritos.

Quadro 3.9

Resultados da avaliação dos peritos

Peritos	Sobre amostras de tecidos com motivos finos, $n = 7$							
$m = 10$	$X1$	$X2$	Hz	X	$X5$	Hb	$X7$	Σ
1	3	6	2	5	1	7	4	28
2	2	1	4	6	3	7	5	28
3	3	4	2	1	5	6	7	28
4	4	3	1	5	7	2	6	28
5	1	4	3	6	2	7	5	28
6	1	2	3	5	4	6	7	28
7	3	2	4	5	1	6	7	28
8	3	4	2	5	1	6	7	28
9	2	6	7	1	4	5	3	28
10	6	7	4	2	5	3	1	28
Si	28	39	32	41	33	55	52	280
m-n-Si	42	31	38	29	37	15	18	
Yi	0,2	0,148	0,181	0,138	0,176	0,071	0,086	
Yio	0,284	0,209	0,257	-	0,25	-	-	
$(S\text{-}Si)$	12	1	8	-1	7	-15	-12	
$(S\text{-}Si)^2$	144	1	64	1	49	225	144	628
Ti								2800

Para determinar a coerência das apreciações dos peritos, são utilizados os dados iniciais do quadro matricial. O coeficiente de concordância (concordância) é determinado pela fórmula:

$$W = \frac{\sum_{i=1}^{n}(S_i - \bar{S})^2}{\frac{1}{12}\cdot m^2 \cdot (n^3 - n) - m \cdot \sum_{j=1}^{m} T_j}$$

Onde: $\bar{S}$ - soma média das classificações de todos os indicadores.

Determinamos as avaliações idênticas de diferentes indicadores por peritos individuais utilizando a fórmula:

$$\bar{S} = \frac{\sum_{i=1}^{n} S}{n}$$

onde: ***u*** **-** ***o*** número de classificações com **as** mesmas avaliações do i-ésimo perito; t_i - o número de avaliações com a mesma classificação do i-ésimo perito.

$\chi_P^2 = 13{,}2 > \chi_T^2 =$ Para avaliar a significância do coeficiente de concordância (concordância) pelo critério de Pearson, determinamos 12,6, temos uma consistência significativa (significativa) das estimativas de classificação de dez peritos.

A Tabela 3.10 mostra os cálculos de avaliação da qualidade das amostras de tecido com relação constante e número de transição de fios constante na trama sobre a permeabilidade ao ar do tecido.

Tabela 3.10

Efeito de um número de transição do fio constante e de um raport constante na permeabilidade ao ar do tecido.

№	Parâmetros da estrutura do tecido						[32]Permeabilidade ao ar do tecido, cm /cm s
	Ro Ry	para ty	Fio de po/dm.	Fio de Ru/dm	Para Tex	Tu tex	
1.	4	2	258	150	25x2	14,3x5	32
2.	4	2	258	165	25x2	14,3x4	21
3.	4	2	258	190	25x2	14,3x3	17
4.	4	2	258	235	25x2	14,3x2	12
5.	4	2	258	330	25x2	14,3x1	10

As comparações de qualidade de **m** = 5 amostras de tecido através dos seguintes indicadores de qualidade: x_1 - aspeto do tecido; **X2** - densidade superficial do tecido; **X3** - respirabilidade do tecido; x_4 - resistência à abrasão do tecido; **X5** - acabamento na base do tecido; **X6** - acabamento na trama do tecido são apresentadas no Quadro 3.11. Cada propriedade do tecido é avaliada pela classificação ***R***, a melhor propriedade da amostra de tecido *R*= 1 e a pior propriedade da amostra de tecido *R*= **m**. O quadro 3.11 apresenta os resultados dos indicadores de qualidade natural das amostras de tecido. Dos indicadores de qualidade natural do tecido ***n*** = 6, o indicador x_i é determinado organolepticamente, e os restantes x_2, x_z, x_4, **X5** e x_b - pelo método instrumental.

Tabela 3.11.

Resultados dos indicadores de qualidade das amostras de tecido.

Amostras de tecido *m* = 5	Indicadores naturais da qualidade dos tecidos *n* = 6					
	X1-	X2	Hz	X4	X5	X6
	Aspeto do tecido	Densidade superficial do tecido gr/m^2	[32]Permeabilidade ao ar do tecido, cm /cm s	Abrasão dos tecidos, ciclo	Rendimento por base, %	Acabamento da trama %.
1	2	270	32	6900	9,5	2,9
2	3	260	21	7300	8,7	3,9
3	1	246	17	10700	8,4	4,4
4	4	213	12	14000	6,0	6,1
5	5	191	10	16000	4,8	5,7

Tabela 3.12.

Resultados da avaliação da qualidade das amostras de tecido.

Amostras de tecido *m* = 5	Classificação dos indicadores de qualidade das amostras de tecido *R*	[6]	Localização

	X1	X2	Hz	X4	X5	Hb	$\sum_{1} R$	
1	2	5	1	5	5	1	19	5
2	1	3	3	3	3	3	16	1
3	3	4	2	4	4	2	19	4
4	4	2	4	2	2	4	18	2
5	5	1	5	1	1	5	18	3
$\sum_{1}^{5} R$	15	15	15	15	15	15	90	-

O quadro 3.12 apresenta os resultados da avaliação da qualidade das amostras de tecido. Daqui se conclui que as amostras de tecido comparadas em termos de qualidade na direção da sua deterioração estão dispostas pela seguinte ordem 2-4-5-3-1. Especificamos a avaliação da qualidade utilizando os coeficientes de significância dos indicadores individuais das amostras de tecido, que são apresentados no Quadro 3.13.

Quadro 3.13

Coeficientes de significância dos indicadores individuais das amostras de tecido.

Amostras de tecido $m = 5$	Pontuações de classificação dos indicadores de qualidade Ry						Σ ***Ry***	Localização
	X1	X2	Hz	X4	X5	Hb		
1	0,4	0,5	0,2	1,0	0,75	0,15	3,1	4
2	0,2	0,3	0,6	0,6	0,45	0,45	2,6	1
3	0,6	0,4	0,4	0,8	0,6	0,3	3,1	3
4	0,8	0,2	0,8	0,4	0,3	0,6	3,1	2
5	1,0	0,1	1,0	0,2	0,15	0,75	3,2	5
Γ	0,2	0,1	0,2	0,2	0,15	0,15	-	-

Em termos de qualidade na direção da deterioração, as amostras de tecido (de acordo com o quadro 3.13) estão dispostas pela seguinte ordem 2-4-3-1-5. [232]A avaliação das duas melhores amostras de tecidos manteve-se inalterada, e a melhor é a amostra 2, com os seguintes parâmetros: densidade superficial do tecido246 gr/m ; permeabilidade ao ar do tecido17 cm/cm s; resistência à abrasão do tecido10700 ciclo; processamento na base do tecido 8,4%; processamento na trama do tecido4,4%; porosidade do tecido 66%.

No quarto capítulo, a tensão de urdidura é investigada e é efectuada a otimização do processo de formação dos tecidos de vestuário. Um dos principais parâmetros tecnológicos que influenciam o processo tecnológico e a estrutura do tecido é a tensão da teia, uma vez que o enrolamento é acionado na teia, na largura de enchimento e por ciclo da máquina. Um desvio insignificante do valor fixado para estes parâmetros conduz a um aumento da rutura do fio e a uma diminuição da qualidade dos tecidos produzidos. Por isso, é aconselhável efetuar estudos da tensão da teia em toda a largura de enchimento do tear. A tensão dos fios individuais é diferente na sua magnitude e pode ser superior ou inferior à tensão necessária em qualquer secção da largura do fio, ou seja, existem fios com tensão fraca e forte juntamente com fios com tensão normal. Durante o estudo, uma linha paralela ao eixo de rotação da teia foi desenhada no enrolamento da teia de tecelagem com tinta e levada para o ganho do tecido. Tivemos de trabalhar o tecido com diferentes tensões de enchimento. A tensão de enchimento era alterada por meio de entalhes na alavanca do regulador principal do tear. O número de entalhes variava de dois (2) a seis (6). Depois de a linha traçada na folha de enrolamento ter sido trabalhada no tecido, a tensão de enchimento foi alterada, a linha foi novamente traçada na folha de enrolamento e trabalhada no tecido. Deste modo, foram trabalhadas cinco peças de tecido com cinco tensões de teia diferentes. À medida que os fios avançavam ao longo da linha de enchimento, as marcas deslocavam-se, uma vez que os fios com tensão elevada ficavam para trás e os fios com tensão fraca avançavam. O resultado foi uma faixa de marcas mistas no tecido sobre a linha traçada na linha de enrolamento da teia de tecelagem. Os instrumentos de estudo foram uma régua, uma lupa e uma agulha. O estudo foi realizado da seguinte forma: no meio do tecido, no mesmo local (uma vez que temos cinco teias), selecionou-se um determinado número de fios principais. Especificamente, foram investigados cento e noventa e oito (198 peças) fios principais, uma vez que não era prático investigar todos os fios. Em seguida, foi selecionada uma única trama ao longo do meio da tira, na direção dos fios da trama, como a linha contra a qual foi determinado o desvio da marca. A quantidade de deslocação da marca foi determinada pelo número de tramas pelas quais a marca no fio principal foi deslocada. A partir dos resultados das medições, conclui-se que as marcas nas linhas principais são deslocadas para um lado ou para o outro ao longo da linha central por diferentes números de tramas ao longo do comprimento do tecido. Isto mostra que os fios de urdidura individuais têm tensões diferentes, ou seja, os fios de urdidura cujas marcas permaneceram até à linha central ao longo do comprimento do tecido estão fortemente esticados e os fios cujas marcas se deslocaram da linha central ao longo do comprimento do tecido em direção ao esterno estão fracamente esticados. Os fios principais cujas marcas se encontravam na linha central são considerados normalmente esticados. Mas, na prática, é impossível obter uma precisão tão elevada e, neste caso, essa precisão não é razoável. Por conseguinte, considerámos como tensão normal os fios cujas marcas se encontravam dentro de quatro pontos para um lado ou para o outro da linha central ao longo do comprimento do tecido. O quadro 4.1 apresenta os resultados da contagem do número de fios de teia com tensões diferentes no tecido, o que mostra que a tensão do fio de teia ao longo da largura do tecido é composta pela tensão de fios com tensão média (tensão normal), alta e baixa, o que não contradiz as nossas suposições de que o tamanho da tensão de enchimento tem um efeito significativo na irregularidade da tensão do fio de teia. A maior parte dos fios de teia são fios de tensão média. Por exemplo, de acordo com o cálculo efectuado no quarto (4) entalhe, 59 % dos fios têm uma tensão normal e 21 % e 20 % dos fios têm uma tensão elevada e uma tensão reduzida, respetivamente (ver Quadro 4.1).

Tabela 4.1.

Número de fios de teia esticados de forma diferente no tecido

Tensão de urdidura	Número de entalhes, valores.									
	2		3				5		6	
	abs.	%	abs.	%	abs.	%	abs.	%	abs.	%
Fios apertados	50	25	45	23	41	21	36	18	33	17
Fios de tensão média	89	45	103	52	117	59	127	64	133	67
Fios soltos	59	30	50	25	40	20	35	18	32	16
Total	198	100	198	100	198	100	198	100	198	100

Com base nos dados do quadro 4.1, elaborámos um gráfico da dependência do número de fios moderadamente tensos, fortemente tensos e fracamente tensos em relação ao valor da tensão de enfiamento (Fig.4.1 - 4.3). No eixo das abcissas, foi representada a tensão de enfiamento (número de entalhes) e, no eixo das ordenadas, o número de fios (em percentagem do número total de fios examinados). medida que a tensão da teia aumenta, a percentagem de fios com tensão forte e fraca em toda a largura do tecido diminui, enquanto a percentagem de fios com tensão média em toda a largura do tecido aumenta.

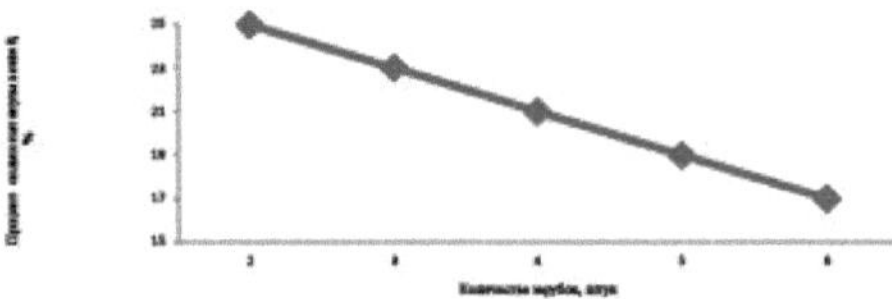

Fig.4.1 Gráfico do efeito do número de entalhes (tensão de enchimento) sobre a percentagem de fios fortemente tensionados na largura do tecido

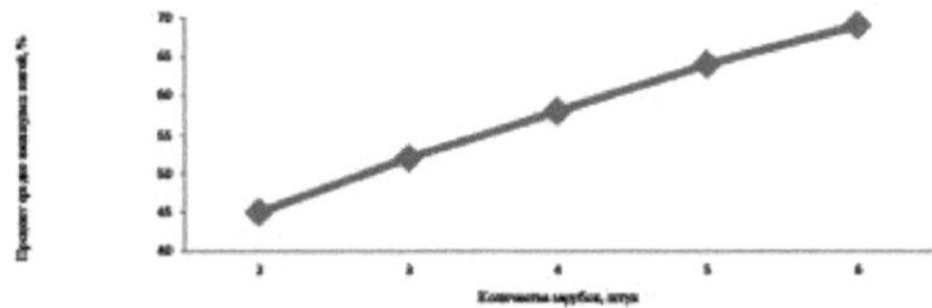

Fig.4.1 Gráfico do efeito do número de entalhes (tensão de enchimento) sobre a

percentagem de fios fortemente tensionados na largura do tecido

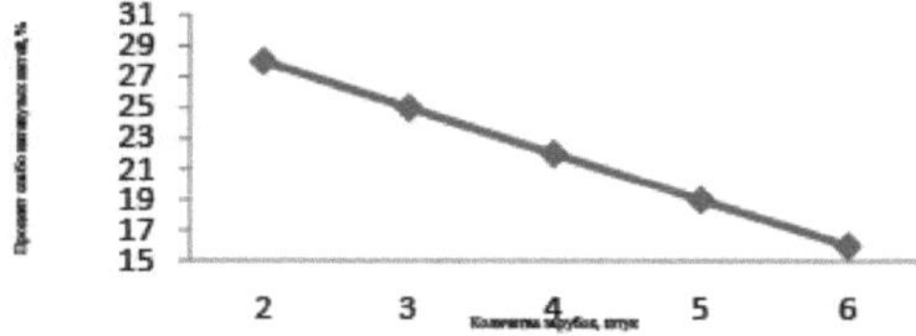

Fig.4.3 Gráfico do efeito do número de entalhes (tensão de enchimento) sobre a percentagem de fios soltos na largura do tecido

Ao determinar o modelo de regressão para o objeto com uma entrada e uma saída, realizámos uma experiência ativa numa vasta gama de alterações do fator X. O número de níveis do fator ou o número de experiências na matriz de planeamento de experiências é N = 5. Para melhorar a precisão da determinação do parâmetro de saída Y, cada experiência da matriz é repetida várias vezes, m = 5. Consideremos a operação em que estudámos Y - valores absolutos do número de fios de teia com tensão média no tecido, em função da tensão de enchimento dos fios de teia (número de cortes da alavanca do regulador principal) X no tear (ver quadro 4.1). Como resultado da análise matemática, foram obtidas equações que descrevem a relação entre a tensão de enchimento da teia e o número de fios de tensão de teia alta, média e baixa.

Para fios com tensão normal, YR = 69 + 11,2-X (4.1)

Para fios muito estirados: YR = 58,2 - 4,3 -X (4.2)

Para fios fracamente estirados: YR = 70,8 - 6,9 -X (4.3)

O que resulta destas equações é que a tensão de enchimento da teia e a irregularidade dos fios de teia simples estão relacionadas por uma relação de linha reta. As Figs. 4.4 - 4.6 mostram a dependência gráfica do número de fios de média tensão, de alta tensão e de baixa tensão ao longo da largura do tecido com a tensão de enchimento dos fios de teia. Os gráficos ilustram claramente que, com o aumento da tensão de enchimento, o número de fios de tensão média aumenta, enquanto o número de fios de tensão alta e baixa diminui.

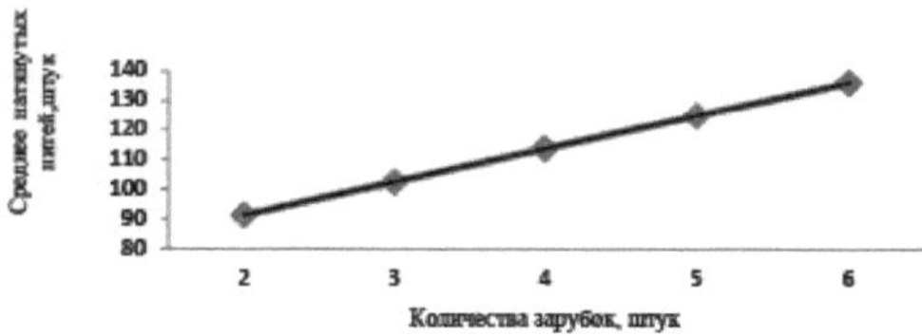

Fig. 4.4. Dependência do número médio de fios tensionados da tensão de enchimento

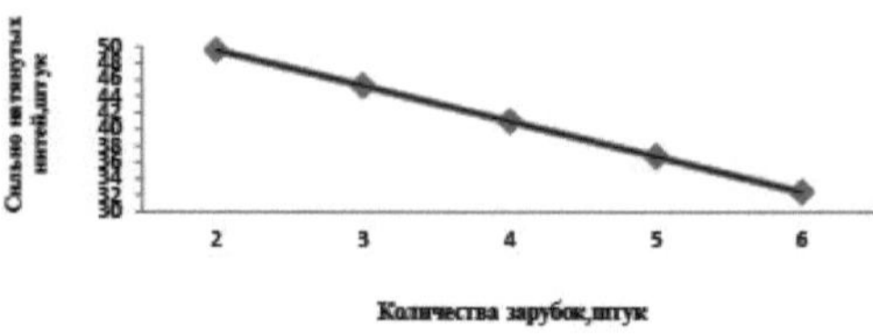

Figura 4.5. Dependência do número de fios fortemente tensionados em relação aos fios de enchimento

tensões

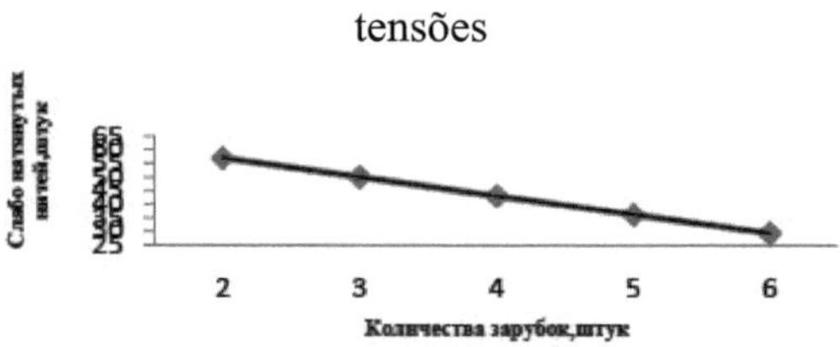

Fig.4.6 Dependência do número de fios soltos da tensão de enchimento

A prática de utilização de dispositivos baseados no princípio de ação mecânica mostra que este grupo de dispositivos tem uma sensibilidade bastante baixa, uma inércia significativa das partes móveis e não permite o registo das alterações de tensão dos fios com um pequeno período de oscilação. Os dispositivos do princípio de ação mecânica podem ser utilizados para medições aproximadas da tensão de fios com um grande período de oscilação. Os instrumentos mecano-ópticos de medição da tensão do fio tornaram-se muito comuns nos estudos da tensão da teia no tear. Estes instrumentos comparam-se favoravelmente com os instrumentos de ação mecânica, na medida em que a massa (peso) das partes móveis é reduzida ao mínimo. Os dispositivos ótico-mecânicos captam de forma bastante satisfatória as flutuações da tensão de urdidura no processo de tecelagem e permitem observar visualmente a alteração do valor da tensão e registar as flutuações de tensão em papel fotográfico ou película fotográfica. Desenvolvemos um meio de medição da tensão de fios simples de princípio de ação mecânica com base no dispositivo de Uster (Fig.4.7), cuja caraterística distintiva é a presença de uma plataforma 1, onde estão instalados dois dispositivos 2 para medir pequenos e grandes valores de tensão do fio 3, e as guias de fio de medição da força são feitas sob a forma de alavancas de um ombro 4. A vantagem do novo meio é a exatidão da medição da tensão de fios individuais para obter caraterísticas quantitativas, a simplicidade e a facilidade de manutenção.

Fig. 4.7: Instrumento para medir a tensão de fios principais simples no tear.

Neste trabalho, as medições da tensão de urdidura foram efectuadas com um novo medidor de tensão de fio único em zonas uniformemente distribuídas pela largura de enchimento do tear (Fig. 4.8).

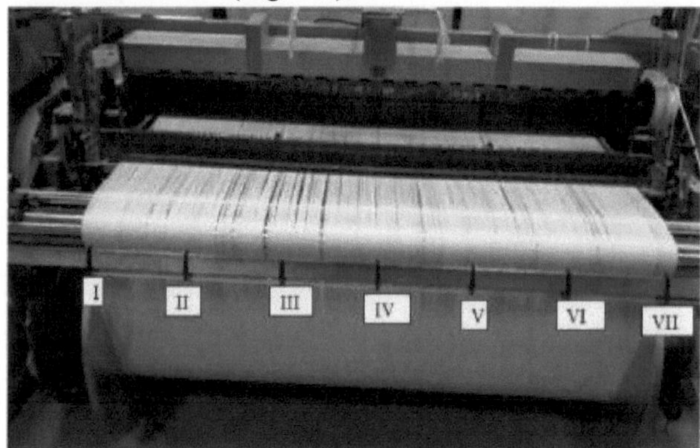

Fig. 4.8 Distribuição das zonas de medição da tensão do fio ao longo da largura de inserção do tear

A tabela 4.8 mostra a distribuição das zonas de medição da tensão do fio ao longo da largura de enchimento da máquina. Foram obtidos os valores médios da tensão de urdidura por zona e por ciclo da máquina. Estas medições e cálculos foram efectuados pelo menos cinco vezes. Em seguida, determinámos o valor médio da tensão do fio e a variância do valor médio da tensão do fio. O erro dos valores obtidos foi de 5%.

Tabela 4.2.

Distribuição das zonas de medição da tensão do fio ao longo da largura de enchimento da máquina.

	Numeração das zonas de medição da tensão do fio ao longo da largura de	Distâncias das zonas de medição da tensão do fio ao longo da largura de enchimento da máquina no lado do enchimento (da esquerda para a direita), cm.

	enchimento do tear	Tipo de tear			
		AT-100-5M	ATPR-100	STB-175.	P-190
1	I	5	5	5	5
2	II	20	20	30	30
3	III	35	35	55	55
4	IV	50	50	80	80
5	V	65	65	105	105
6	VI	80	80	130	130
7	VII	95	95	155	155

Os quadros 4.3-4.6 mostram os valores médios de tensão ao longo da largura do enchimento e a sua dispersão para tecidos produzidos em diferentes tipos de teares. De acordo com estes dados, a tensão de urdidura apresenta uma grande irregularidade ao longo da largura de enchimento. A irregularidade da tensão é influenciada pelo método de inserção da trama e pelo tipo de mecanismo de descolagem.

Modificação da tensão da teia sobre a largura da linha para máquinas de lançadeira

Zonas de medição da tensão do fio ao longo da largura de enchimento do tear	Indicadores dos valores da tensão de urdidura em toda a largura do tecido					
	valor médio U, cH			[2]Dispersão do valor médio de S ^), cH		
	No surf.	Quando bocejar.	Com um ataque.	No surf.	Quando bocejar.	Com um ataque.
I	69,8	39,6	16,7	8,5	4,8	2,0
II	24,3	21,8	16,8	3,00	0,7	2,0
III	39,7	36,2	14,2	4,8	4,4	1,7
IV	28,1	25,0	12,2	3,4	3,0	2,4
V	37,9	33,1	14,0	4,6	4,0	1,7
VI	30,3	26,2	18,9	3,7	3,2	2,3
VII	75,3	36,2	20,2	9,2	4,4	2,4

Tabela 4.4.

Variação da tensão de urdidura ao longo da largura de enchimento para máquinas de jato de ar

Zonas de medição da tensão do fio ao longo da largura de enchimento do tear		Indicadores dos valores da tensão de urdidura em toda a largura do tecido					
		Valor médio U, cH			[2]Dispersão do valor médio de S ^), cH		
		No surf.	Quando bocejar.	Com um ataque.	No surf.	Quando bocejar.	Com um ataque.
1	I	30,7	28,6	22,8	3,7	3,6	2,7
2	II	33,6	30,2	23,2	4,1	3,8	2,8
3	III	40,0	23,7	27,4	4,9	4,2	3,3
4	IV	49,0	43,2	30,2	6,0	5,4	3,7

5	V	39,2	35,6	24,1	4,8	4,4	2,9
6	VI	34,0	30,0	23,4	4,1	3,7	2,8
7	VII	32,1	29,0	22,5	3,9	3,6	2,7

Tabela 4.5.

Variação da tensão de urdidura ao longo da largura de enchimento em máquinas de microcosturas

Zonas de medição da tensão do fio ao longo da largura de enchimento do tear		Indicadores dos valores da tensão de urdidura em toda a largura do tecido					
		Valor médio U, *cH*			²Dispersão do valor médio de S ^), *cH*		
		No surf.	Quando bocejar.	Com um ataque.	No surf.	Quando bocejar.	Com um ataque.
1	I	33,3	30,1	25,6	3,2	3,0	2,7
2	II	41,7	38,2	27,1	3,7	3,3	3,0
3	III	44,1	41,1	31,2	3,6	3,7	3,1
4	IV	48,6	44,7	34,1	4,0	4,0	3,5
5	V	40,6	36,9	29,9	3,9	3,7	3,1
6	VI	36,8	32,4	27,8	3,7	3,3	3,1
7	VII	30,2	29,1	26,2	2,8	2,8	2,7

Variação da tensão de urdidura ao longo da largura de enchimento em teares de pinças

Zonas de medição da tensão do fio ao longo da largura de enchimento do tear		Indicadores dos valores da tensão de urdidura em toda a largura do tecido					
		Valor médio U, *cH*			²Dispersão do valor médio de S (V), *cH*		
		No surf.	Quando bocejar.	Com um ataque.	No surf.	Quando bocejar.	Com um ataque.
1	I	26,5	32,4	27,2	3,5	3,5	3,0
2	II	44,5	40,1	29,8	4,1	3,8	3,2
3	III	48,3	43,8	29,8	3,8	3,6	3,2
4	IV	49,8	46,2	33,3	4,2	4,1	3,5
5	V	46,1	41,4	30,1	4,1	4,0	3,7
6	VI	41,8	38,7	30,1	3,9	3,9	2,9
7	VII	37,6	33,9	28,3	3,3	3,2	3,0

Obtiveram-se também modelos de regressão da dependência da tensão do fio dos *fios* de *baseU* em relação à largura do enchimento *x* no momento da surfaçagem:

²Para as lançadeiras do tipo AT *U = 67,8 - 2,14- x + 0,024- x* (4.4)

²Para as máquinas de serrar pneumáticas do tipo ATPR *U = 30,4 + 0,76 -χ - 0,008- x* (4.5) Para as máquinas de micro-costura do tipo STB *U = 34,3 + 0,41 - χ - 0,003 -* (4.6)

²Para os engenhos de pinças do tipo P *U = 36,2 + 0,34 -χ - 0,002 -χ* (4.7)

A análise dos gráficos (Fig. 4.9-4.12) das equações mostra que a variação da tensão de urdidura ao longo da largura do enchimento é parabólica, pelo que a tensão de urdidura é desigual. Nas máquinas sem lançadeira (jato de ar, micro-jato e pinças), a tensão mínima da teia situa-se nos bordos do tecido e a tensão máxima no meio do fio. Nas máquinas com lançadeira, pelo contrário, a tensão da teia é máxima nos bordos do tecido e mínima no meio da linha.

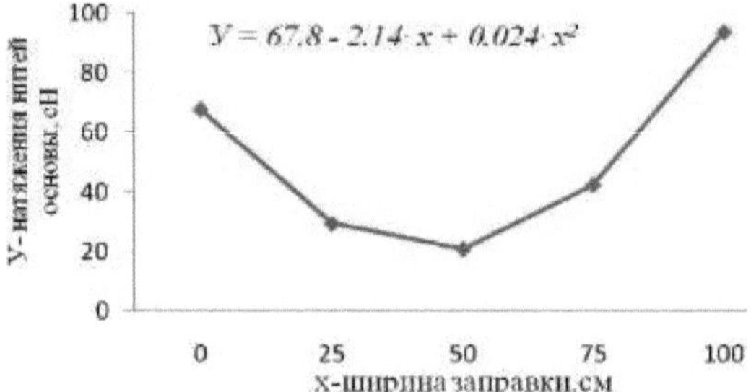

Fig. 4.9. Regularidade da variação da tensão da teia ao longo da largura de enchimento das máquinas de lançadeira

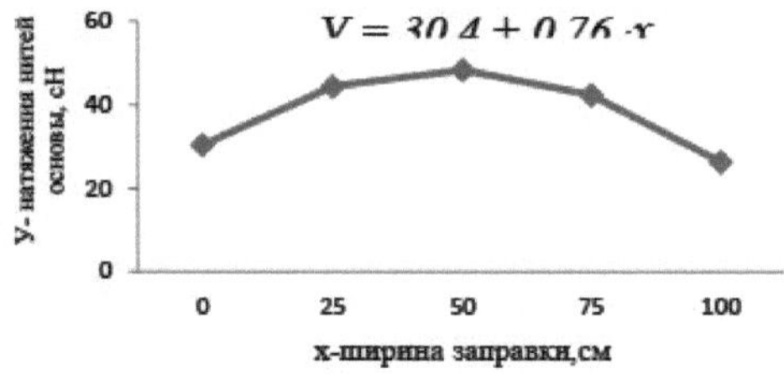

Fig.4.10. Regularidade da variação da tensão de urdidura ao longo da largura de enchimento das máquinas de serrar de jato de ar

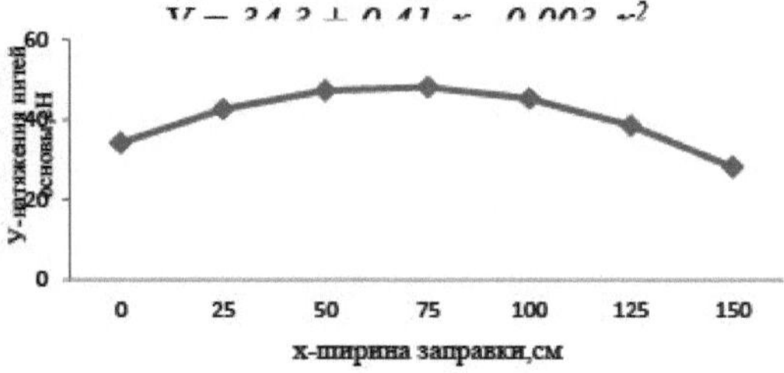

Fig. 4.11. Regularidade da variação da tensão de urdidura ao longo da largura de enchimento das máquinas de microponto

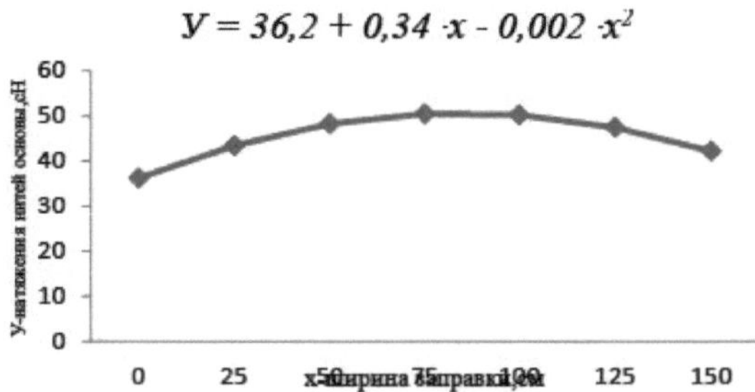

Fig. 4.12. Regularidade da variação da tensão de urdidura ao longo da largura dos aprestos do tear de pinças

Estudos experimentais sobre a largura de enchimento do tear mostraram que a tensão não é uniforme ao longo da largura de enchimento. Depende das condições de preparação da teia para a tecelagem e das diferentes propriedades físicas e mecânicas dos fios. Para além disso, os fios de teia recolhidos nos teares têm um movimento diferente à altura de cada tear. Os mecanismos existentes para nivelar a tensão do fio ao longo da largura do fio são ineficientes e, por isso, não têm encontrado aplicação na indústria. Para melhorar a uniformidade da tensão da teia ao longo da largura de enchimento, propomos um meio de nivelamento da tensão da teia ao longo da largura de enchimento do tear, sob a forma de um material elástico em contacto com os fios da teia. A montagem mais racional do dispositivo proposto no tear é efectuada por um escalo. A essência da construção desenvolvida é explicada pelo desenho Fig.4.13. Os fios de urdidura 1 envolvem o material elástico 2 na cavidade em que se encontra o escalo 3. A capacidade de nivelamento do mecanismo é determinada pela elasticidade e espessura do material, que é selecionado em função da gama de fios de teia a processar. Durante o funcionamento do tear, a tensão da teia é absorvida pelo material elástico 2.

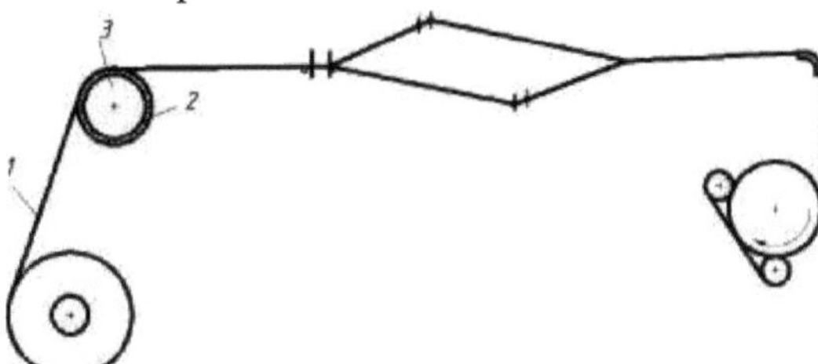

Fig. 4.13. Estabilizador da tensão da teia ao longo da largura de enchimento dos teares

Ao mesmo tempo, o efeito dos fios individuais sobre este último será diferente consoante a tensão. Nos locais de tensão elevada do fio, o material elástico deforma-se, absorvendo as alterações de tensão, e nos locais de tensão mais baixa, devido à elasticidade do material elástico, aumenta até ao valor definido.

Consequentemente, os valores máximos de tensão diminuem e os valores mínimos aumentam para a média de todos os valores, ou seja, há uma igualização dos fios de teia individuais. Como resultado, a uniformidade da tensão da teia é melhorada, a rutura da teia é reduzida e a qualidade do tecido produzido é melhorada. As diferentes tensões de urdidura ao longo da largura de enchimento da máquina dificultam um pouco o estudo deste problema, uma vez que existe um grande número de fios de urdidura na urdidura com uma vasta gama de alterações de tensão. Por conseguinte, faremos algumas suposições no estudo analítico. Como se sabe pela física dos compostos de elevado peso molecular, os métodos mais convenientes para estudar as tensões e o carácter da sua sobreposição nos materiais têxteis são análogos sob a forma de modelos mecânicos. Há uma variedade de modelos que demonstram aproximadamente a natureza das mudanças de tensão em materiais têxteis. Mais adequado para aplicação prática, o modelo visco-elástico de Dogadkin B.A., no qual o elemento elástico (mola) é ligado em paralelo com o modelo de Maxwell (ligação em série da mola com o amortecedor). $_{3y_3}$A ligação em paralelo dos elementos no modelo permite-nos escrever a seguinte condição, no caso de aumento da tensão de um único fio de urdidura do sistema de enchimento elástico: $T = T + \Delta T - \Delta T_P$ (4.8), em que T é a tensão atual do sistema de enchimento elástico; T é a tensão de enchimento do sistema de enchimento elástico; $_{\Delta Tu}$ é uma variação aleatória da tensão do sistema de enchimento elástico; $_{\Delta Tr}$ é a variação da tensão do elemento elástico para o escalo.

A tensão de urdidura depende da deformação e da rigidez do sistema de enchimento elástico e tem as seguintes dependências

$$T = \lambda \cdot C \qquad (4.9)$$

Substituindo a expressão obtida, obtemos

$$T_{max} = \lambda_3 \cdot C_3 + \Delta\lambda_y \cdot C_y - \Delta\lambda_p \cdot C_p \qquad (4.10)$$

$_{py}$em que: $\Delta\lambda$ - deformação elástica do elemento no escalo; $_{\lambda u}$ - deformação do fio de teia; C - coeficiente de rigidez dos fios de teia; C - coeficiente de rigidez do elemento elástico.

$T_{min} = \lambda_3 \cdot C_3 - \Delta\lambda_y \cdot C_y + \Delta\lambda_p \cdot C_p$ No caso de tensão decrescente de um único fio num sistema de enfiamento elástico, obtém-se a seguinte equação (4.11)

Analisando a equação obtida, podemos dizer que, ao aumentar ou diminuir aleatoriamente a tensão de fios separados ao longo da largura da máquina de vestir, o material elástico do elemento elástico de tensão, no escalo, deformando-se, compensa o comprimento da urdidura no sistema elástico de vestir, ao diminuir a tensão dos fios, endireitando-se, o elemento elástico, restaura a tensão deste fio para o valor médio. A irregularidade da tensão da teia é determinada por

$$\delta = \frac{T_{max} - T_{min}}{T_з} \cdot 100\% \quad (4.12)$$

ou, após substituição e transformação, temos

$$\delta = \frac{\Delta\lambda_y \cdot C_y - \Delta\lambda_p \cdot C_p}{\lambda_з \cdot C_з} \cdot 100\% \quad (4.13)$$

Analisemos a equação obtida. Nos modelos existentes, o scalo é absolutamente rígido e a deformação do scalo é zero. Consequentemente, existe uma grande irregularidade na tensão dos fios individuais ao longo da largura de enfiamento do tear. Na conceção modernizada, o escalo tem um elemento elástico, pelo que a sensibilidade aumenta com a variação da tensão dos fios individuais ao longo da largura do tear. A eficácia da sensibilidade depende do coeficiente de rigidez do material elástico; quanto maior for a rigidez, menor será a sensibilidade.

$E = 16{,}8 \frac{гр}{мм^2}$, Eis um exemplo de cálculo da deformação de um material (tipo borracha) com um módulo de elasticidade de espessura *S* = *10 mm*, aquando da produção de um tecido com uma densidade linear dos fios principais

$_o$T = *30tex* .

Deformação do material $\Delta\lambda_p = \frac{S \cdot T}{F \cdot E}$ (4.14)

$$F = d_o \cdot l_o, мм^2 \quad (4.15)$$

em que: *E* - módulo de elasticidade do material; *T* - tensão dos fios principais; *5* - espessura do material elástico; *F* - área de contacto do fio com o material elástico;

d_o - diâmetro da rosca; l_o - comprimento da rosca.

$$l_o = \pi d_{ск} \cdot 0{,}25 = 3{,}14 \cdot 150 \cdot 0{,}25 = 117{,}75$$

$$d_o = 0.0316 \cdot \sqrt{T_o} \cdot 1.25 = 0.0395 \cdot \sqrt{T_o}$$

$_{CK}$em que *d* = *150 mm*

Após a substituição, temos $F = 0.0395 \cdot \sqrt{T_o} \cdot 117.75 = 4.65 \cdot \sqrt{T_o}$

Substituindo em (4.14), temos $\Delta\lambda_p = \frac{10 \cdot T}{4.65 \cdot \sqrt{T_o} \cdot 16.8} = 0.128 \frac{T}{\sqrt{T_o}}$ (4.16)

$_p$Para ***T*** = *const*, calculamos *Δλ* para diferentes densidades lineares dos fios principais. A Tabela 4.7 mostra os cálculos da deformação do material elástico (tipo borracha) em função da densidade linear do fio de algodão a uma tensão de enchimento dos fios de teia ***T*** = 20 *cN*.

Quadro 4.7

Deformações elásticas do material em função da densidade linear do fio.

1	Densidade linear do fio Para, *tex*	20	30	40	50	60	70
2	Deformação elástica do material $\Delta\lambda$, *mm*	0,57	0,47	0,41	0,36	0,33	0,31

A análise dos dados obtidos mostrou que, quando se utiliza a conceção modernizada do escalo, a irregularidade da tensão é fortemente reduzida. Os quadros 4.8 a 4.11 apresentam os valores médios da tensão ao longo da largura do enchimento e as suas dispersões.

Tabela 4.8.

Alteração da tensão da teia ao longo da largura do enchimento para teares de lançadeira

Zonas de medição da tensão do fio ao longo da largura de enchimento do tear		Indicadores dos valores da tensão de urdidura em toda a largura do tecido					
		Valor médio U, *cH*			[2]Dispersão do valor médio de S ^), *cH*		
		No surf.	Quando bocejar.	Com uma rigidez.	No surf.	Quando bocejar.	Com um ataque.
1	I	31,6	29,7	20,9	4,6	5,4	3,17
2	II	27,1	26,5	19,3	3,9	4,9	2,86
3	III	26,1	26,3	18,6	3,3	4,3	2,6
4	IV	24,3	22,7	17,3	2,8	3,8	2,3
5	V	25,9	23,8	18,0	3,0	4,4	2,6
6	VI	29,7	27,0	20,3	3,4	5,1	3,1
7	VII	32,9	29,9	22,1	4,4	5,7	3,3

Quadro 4.9

Alteração da tensão da teia ao longo da largura do enchimento para serras pneumáticas

Zonas de medição da tensão do fio ao longo da largura de enchimento do tear		Indicadores dos valores da tensão de urdidura em toda a largura do tecido					
		Valor médio U, *Cn*			[2]Dispersão do valor médio de S ^), *cH*		
		No surf.	Quando bocejar.	Com um ataque.	No surf.	Quando bocejar.	Com um ataque.
1	I	51,4	43,2	26,4	6,1	5,2	3,2
2	II	51,6	44,0	27,0	6,3	5,3	3,3
3	III	49,2	45,2	28,3	6,0	5,5	3,4
4	IV	51,6	45,9	28,8	6,3	5,6	3,5
5	V	49,2	44,7	28,5	6,0	5,4	3,4
6	VI	51,6	45,0	27,8	6,3	5,5	3,4
7	VII	50,7	44,1	26,9	6,2	5,4	3,2

Tabela 4.10.

Alteração da tensão da teia ao longo da largura do enchimento para máquinas de microcostura

Zonas de medição da tensão do fio ao longo da largura de enchimento do tear		Indicadores dos valores da tensão de urdidura em toda a largura do tecido					
		Valor médio U, *cH*			[2]Dispersão do valor médio de S ^), *cH*		
		No surf.	Quando bocejar.	Com um ataque.	No surf.	Quando bocejar.	Com uma rigidez.
1	I	34,7	30,9	25,6	3,7	2,9	2,7
2	II	37,3	35,1	26,9	3,6	3,3	2,7
3	III	39,6	37,2	29,1	3,9	3,4	2,9
4	IV	38,2	34,8	28,6	3,5	3,5	3,1
5	V	36,9	33,1	27,2	3,6	3,1	2,9
6	VI	33,5	31,1	25,8	3,3	3,2	2,8
7	VII	32,1	29,3	24,5	3,2	3,1	2,6

Variação da tensão de urdidura ao longo da largura de enchimento em teares de pinças

Zonas de medição da tensão do fio ao longo da largura de enchimento do tear		Indicadores dos valores da tensão de urdidura em toda a largura do tecido					
		Valor médio U, *cH*			[2]Dispersão do valor médio de S (V), *cH*		
		No surf.	Quando bocejar.	Com um ataque.	No surf.	Quando bocejar.	Com um ataque.
1	I	37,2	33,9	27,3	3,9	3,1	2,5
2	II	39,2	36,1	28,8	4,1	3,3	2,7
3	III	40,7	37,7	29,6	4,1	3,4	2,8
4	IV	40,6	37,2	29,1	4,3	3,7	3,0
5	V	38,4	34,2	27,7	4,1	3,4	3,0
6	VI	37,1	33,8	27,5	3,9	3,3	2,7
7	VII	37,0	33,5	27,4	3,6	3,2	2,6

Obtiveram-se modelos de regressão da dependência da tensão de urdidura em relação à largura do enchimento no momento da surfa.

[2]Para máquinas de vaivém do tipo AT $U = 30{,}3 - 0{,}29 \cdot \chi + 0{,}0036 \cdot \chi$ (4.17)

[2]Para máquinas de serra pneumática do tipo ATPR $U = 32{,}7 + 0{,}15 \cdot x - 0{,}0016 \cdot x$ (4.18)

[2]Para máquinas de microcostura do tipo STB $U = 34{,}3 + 0{,}13 \cdot x - 0{,}001 \cdot \chi$ (4.19)

[2]Para os teares de pinças do tipo R-190 $U = 37{,}8 + 0{,}1 \cdot \chi - 0{,}0007 \cdot \chi$ (4.20)

A análise dos modelos obtidos mostra que a variação da tensão ao longo da largura do enchimento tem um carácter curvilíneo, mas o desnível da tensão é muito menor (Fig. 4.14-4.17) do que no desenho do escalo existente.

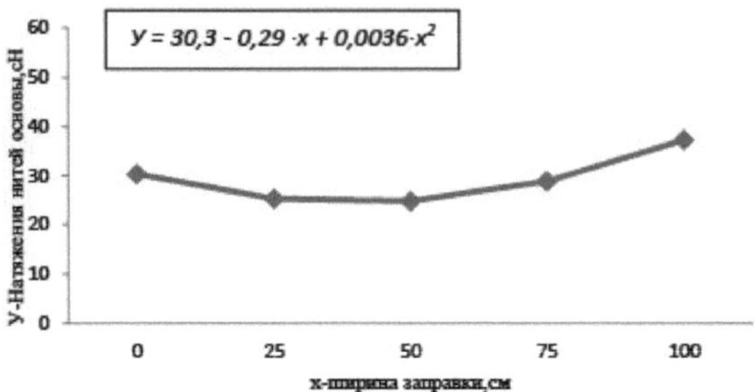

Fig.4.14 Regularidade da variação da tensão dos fios de urdidura na largura de enfiamento das máquinas de lançadeira do tipo AT após modernização

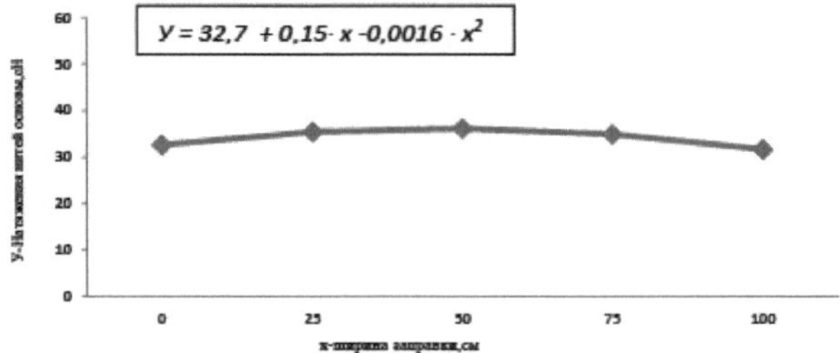

Fig.4.15 Regularidade da variação da tensão de urdidura ao longo da largura de enchimento das máquinas de corte de jato de ar do tipo ATPR após modernização

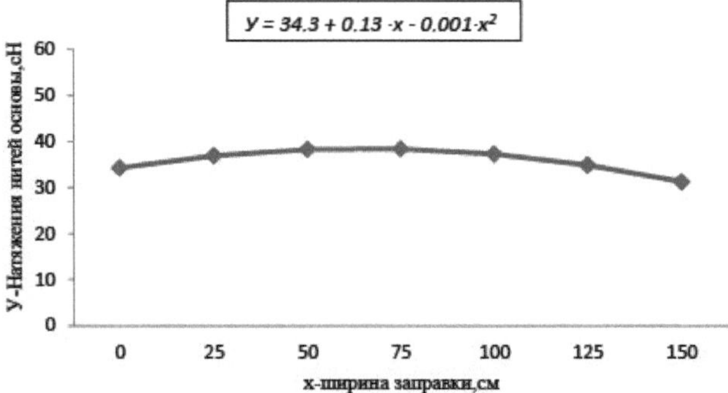

Fig.4.16. Regularidade da variação da tensão da teia ao longo da largura da linha das máquinas de microcostura do tipo STB após a modernização

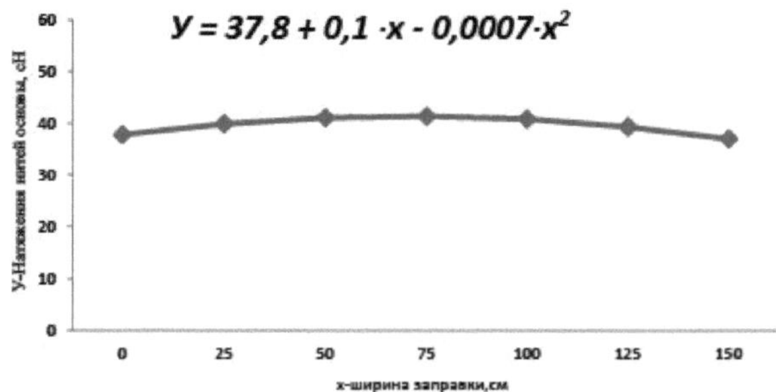

Fig.4.17. Regularidade da variação da tensão de urdidura ao longo da largura de enchimento dos teares de pinças do tipo P após a modernização

A análise da investigação efectuada mostra que a uniformidade da tensão de urdidura ao longo da largura de enchimento no sistema scalo modernizado é significativamente mais elevada do que no sistema scalo existente. No trabalho foi adotado um método composto central de segunda ordem para o planeamento de experiências, que permite um estudo detalhado, a descrição e a otimização do processo de tecelagem na área investigada.

processo de tecelagem no domínio de otimização em estudo. A seleção dos intervalos e valores dos factores para cinco níveis de variação foi efectuada a partir da consideração das possibilidades tecnológicas de alimentação do tear (Tabela 4.12)

Tabela 4.12.

Níveis de variação dos factores

Factores	Níveis de variação					InterVal
	-1,682	-1,0	0	+1,0	+1,682	
x1 - tensão de enchimento da teia, cN	13	16	20	24	27	4
2x - valor de desvio, mm	7	10	15	20	23	5
3x - posição da rocha em relação ao esterno, mm	-15	-10	0	+10	+25	15

A experiência permite-nos obter um modelo matemático de segunda ordem que descreve a influência dos factores x1, x2, x3 sobre os parâmetros de otimização selecionados. Obtém-se um modelo matemático adequado que descreve a dependência da rutura em relação aos factores significativos selecionados

$$y_R = 0{,}2 + 0{,}03X_1 - 0{,}01X_2 - 0{,}01X_3 - 0{,}02X_1 \cdot X_2 + \\ + 0{,}02X_1 \cdot X_3 + 0{,}03X_2 \cdot X_3 + 0{,}08X_1^2 + 0{,}02X_2^2 - 0{,}02X_3^2 \quad (4.21)$$

2323A avaliação da experiência do processo foi efectuada por meio de cortes: $U = f(x_1)$ a x , x constante; U = f (x) ax1,x constante; U = f (x3) a x1, x2 constante. Nas Figs. 4.18-4.20 estão representadas usando a fórmula (4.21).

RPM por 1 metro de tecido

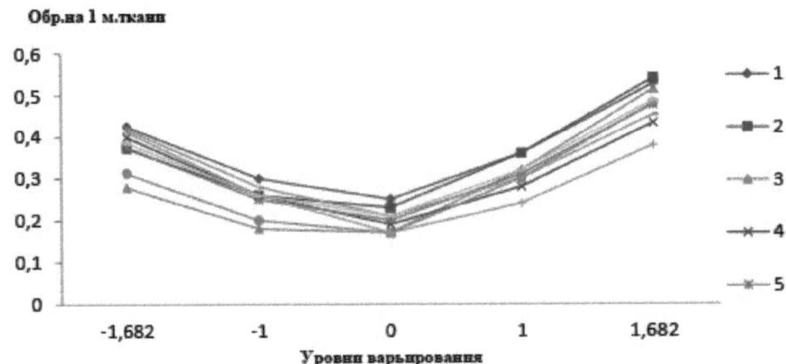

Ряд 1 – X2 = -1; X3 = -1. Ряд 2 - X2 = -1; X3 = 0. Ряд 3 - X2 = -1; X3 = 1.
Ряд 4 - X2 = 0; X3 = -1. Ряд 5 - X2 = 0; X3 = 0. Ряд 6 - X2 = 0; X3 = 1.
Ряд 7 - X2 = 1; X3 = -1. Ряд 8 - X2 = 1; X3 = 0. Ряд 9 - X2 = 1; X3 = 1.

Figura 4.18: Efeito da tensão de enchimento da teia na rotura do fio.

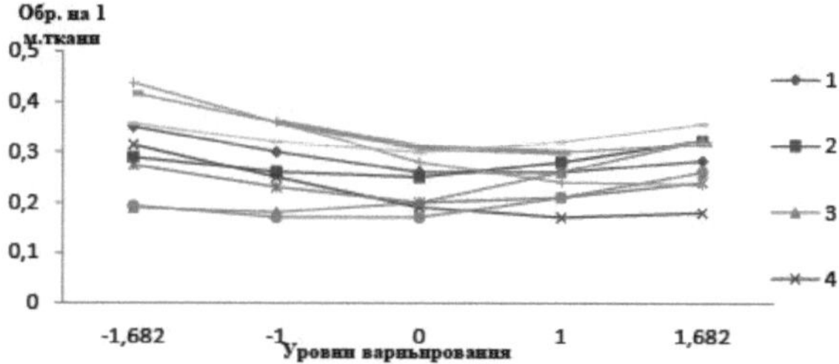

Ряд 1 - X_1 = -1; X_3 = -1. Ряд 2 - X_1 = -1; X_3 = 0. Ряд 3 - X_1 = -1; X_3 = 1.
Ряд 4 - X_1 = 0; X_3 = -1. Ряд 5 - X_1 = 0; X_3 = 0. Ряд 6 - X_1 = 0; X_3 = 1.
Ряд 7 - X_1 = 1; X_3 = -1. Ряд 8 - X_1 = 1; X_3 = 0. Ряд 9 - X_1 = 1; X_3 = 1.

Fig. 4.19. Influência do tamanho da abertura na rotura da rosca

$_3$A influência de x_3 (posição do escalpe em relação ao peito do tear Fig. 4.20.) sobre *y* é representada por uma parábola convexa com valores mínimos de Y em x iguais a - 1,682 e + 1,682 respetivamente. $_3$Consequentemente, ao produzir este tecido, é aconselhável levantar a escama o mais possível, ou baixá-la o mais possível em relação ao esterno, e levantar a escama (x = +1,682), como mostra a Fig. 4.20 resulta na quebra mais baixa. $_3$A curva de variação da rotura *y a* partir da posição do desvio x2 (Fig. 4.19) no valor zero x_1 (a tensão dos fios principais) e a rocha máxima elevada x = +1,682 mostra que em x2 = -1 é possível reduzir a rotura dos fios em 2 vezes, ou seja, os parâmetros terão os seguintes valores: a tensão dos fios principais - 16 cN (por 1 fio); o valor do desvio - 10 mm; a posição da rocha em relação ao esterno - (+ 25) mm.

Obr.por 1 metro de tecido 0,4

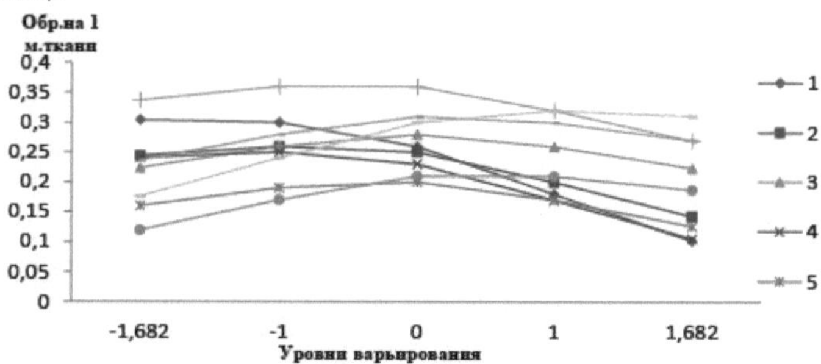

Ряд 1 - X_1 = -1; X_2 = -1. Ряд 2 - X_1 =-1; X_2 = 0. Ряд 3 - X_1 =-1; X_2 = 1.
Ряд 4 - X_1 = 0; X_2 = -1. Ряд 5 - X_1 = 0; X_2 = 0. Ряд 6 - X_1 = 0; X_2 = 1.
Ряд 7 - X_1 = 1; X_2 = -1. Ряд 8 - X_1 =1; X_2 = 0. Ряд 9 - X_1 = 1; X_2 = 1.

Linha 1 - X1 = -1; X2 = -1. Linha 2 - x_1 =-1;X2= 0.Linha 3 - X1 =-1; X2=1. =-1;x_2= 0.Linha 3 - X1 =-1;X2=1 .
Linha 4 - X1 = 0; X2 = -1. Linha 5 - x_1 = 0;x_2= 0 .Linha 6 - X1 = 0;X2=1
.

Linha 7 - X1 = 1; X2 = -1. Linha 8 - X1 =1;X2= 0.Linha 9 - X1 = 1; X2=1.
=Linha 9 - X1 = 1;X2=1 .

Fig.4.20.Influência da posição do escalo na rutura da linha

Com estes valores de parâmetros, a rutura dos fios principais não ultrapassará 0,1 rutura por 1 metro de tecido.

CONCLUSÃO

A análise das fontes literárias mostra que, na sua maioria, os trabalhos são direcionados para a investigação da estrutura e conceção de tecidos de acordo com uma determinada espessura, enchimento do tecido, resistência, ordem das fases da estrutura do tecido, densidade linear dos fios, grau de desequilíbrio. A estrutura e a conceção de tecidos de vestuário não foram suficientemente investigadas, pelo que é aconselhável efetuar a conceção de tecidos de vestuário de acordo com uma determinada porosidade. As tensões do fio de urdidura ao longo da largura da linha do tear durante a produção de tecidos de vestuário não foram investigadas. São desenvolvidas e trabalhadas as variantes de tecidos com uma taxa constante e variável e o número de transições de fios de teia e de trama. É apresentada a metodologia de cálculo da mão de obra para cada fio no âmbito do relatório do tecido. Em todas as variantes, o aumento do número de passagens dentro do suporte leva a um aumento do rendimento dos fios da teia e da trama. A tensão de produção do tecido no tear depende do tipo de fio de trama. Com o aumento da densidade linear do fio de trama, o rendimento do fio de urdidura aumenta e o da trama diminui. O rendimento da urdidura diminui e o rendimento da trama aumenta quando a tensão de enchimento dos fios de urdidura muda de 5 cN para 25 cN por fio. O rendimento da urdidura aumenta e o rendimento da trama diminui quando a tensão de enchimento da trama é alterada de 5cN. para 30cN. por fio. O carácter analítico e experimental da alteração do rendimento é idêntico. A discrepância dos valores absolutos dos trabalhos é causada por modos tecnológicos, que não são tidos em conta nos cálculos analíticos. A seleção dos parâmetros e o método de determinação dos valores de porosidade do tecido de vestuário são efectuados. Desenvolve-se a técnica de conceção do tecido de vestuário de acordo com a porosidade determinada, onde se calculam os diâmetros do fio antes e depois da tecelagem, a densidade do tecido, o coeficiente de enchimento do tecido com material fibroso, a densidade geométrica do tecido, a altura das ondas de flexão do fio no tecido e o trabalho do fio no tecido. Foram desenvolvidas e investigadas amostras de tecidos de vestuário. Em todas as variantes, a diminuição do número de cruzamentos no interior do suporte leva à diminuição do trabalho dos fios da teia e da trama no tecido. Com a mesma relação de tecelagem do tecido e com a redução do número de cruzamentos de fios de um sistema por outro sistema, a porosidade aumenta. Com o aumento da porosidade do tecido, a permeabilidade ao ar dos tecidos de vestuário aumenta. As propriedades físico-mecânicas, higiénicas e de consumo dos tecidos de vestuário são influenciadas pelo número de transições de fios dentro do rapport e pelo tipo de matérias-primas utilizadas na trama. Com o aumento do número de transições de fios dentro do suporte, a carga de rutura na base e na trama, a abrasão do tecido aumenta e a permeabilidade ao ar do tecido diminui. A trama de Capron no tecido aumenta a carga de rutura na trama, o alongamento de rutura na trama e a permeabilidade ao ar do tecido, mas diminui a abrasão do tecido. $_{y}$Recomenda-se a utilização de tecidos de vestuário que possuam boas propriedades físico-mecânicas, higiénicas e de consumo: para uma relação variável e uma transição variável de fios, o tecido de vestuário da segunda variante com os seguintes parâmetros da estrutura do tecido com relação na base e na trama $_{Ro=}$ R = 6, número de transições de fios dentro da relação $_{1o=}$ $_{1u=}$ 4,7, Ro=250 fios/dm, $_{oyoy}$Ru=150 fios/dm., $_{To=25x2}$ tex, $_{Tu=15x3}$ tex; para um transporte constante e uma transição variável de fios, o tecido de vestuário de 1 variante com os seguintes parâmetros da estrutura do tecido por transporte na base e na trama R = R = 8, número de transições de fios dentro do transporte t = t = 2,0, $_{Ro}$ = 240 fios/dm. $_{yRu}$ = 300 fios / dm $_{To}$ = 20 tex, $_{Tu}$ = 18,5 x 2 tex, trama de cor branca. Para um transporte constante e uma transição constante de fios, o tecido de vestuário 2 variantes com os seguintes parâmetros da estrutura do transporte do tecido na base e na trama $_{Ro\,=\,Ry\,=}$ *4*, o número de transições de fios dentro do transporte $_{para}$ = t = 2, $_{Ro}$ = 258 fios / dm, $_{Ru}$ = *190* fios / dm, $_{To}$ = 25 x 2 tex, $_{Tu}$ = 14,3 x 3 tex. A tensão da urdidura é desigual ao longo da largura do fio do tear, alguns dos fios estão num estado de tensão média e outros estão num estado de tensão forte e fraca. No tear, a irregularidade da tensão da teia ao longo da largura do enchimento depende, em grande medida, do tamanho da tensão de enchimento. À medida que a tensão de enchimento aumenta, a irregularidade da tensão da teia ao longo da largura do enchimento diminui. Foi desenvolvido um meio para nivelar a tensão de urdidura ao longo da largura de enchimento do tear. São efectuados estudos analíticos da tensão de urdidura ao longo da largura de enchimento do tear. São selecionados os parâmetros óptimos do material elástico para instalação no couro cabeludo do tear. São obtidas as regularidades das alterações da tensão da teia ao longo da largura do enchimento existente e modernizado para diferentes métodos de inserção da trama. O processo tecnológico de produção de tecido de vestuário no tear é investigado através do método matemático de planeamento de experiências rotativas de segunda ordem. A interpretação geométrica do modelo matemático é estudada por meio de cortes. São determinados os parâmetros tecnológicos óptimos da produção de tecidos para vestuário. O nível de rutura do fio de urdidura é de 0,1 rupturas por 1 m de tecido à tensão de enchimento da urdidura - 16 cN, o valor do ponto atrás -10 mm. e a posição do escalo acima do esterno em 25 mm.

LITERATURA

1 HANDBOOK OF WEAVING Editado por S Adanur, Departamento de Engenharia Têxtil, Universidade de Auburn, EUA 440 páginas 543 figuras 68 tabelas 254 x 176mm capa dura 2000.

2 HANDBOOK OF YARN PRODUCTION Technology, science and economics P R Lord, NCSU, USA 504 páginas 244 x 172mm hardback julho de 2003.

3 Khamraeva S.A. Aumento da resistência ao desgaste dos tecidos através da otimização dos parâmetros da sua formação. Diss....doct. de ciências técnicas - Tashkent, TITLP, 2010.

4 . Sklyanikov V.P.Estrutura e propriedades mecânicas de tecidos de camada única de fibras químicas: Dissdok . tehn. ciências. Ivanovo.1971.

5 Nikolaev S.D. Investigação do processo de formação de tecidos de algodão com riscas longitudinais de trama diferente em teares sem lançadeira STB: Dissertação de Ciências Técnicas.M.1977.

6 . Arkhangelsky N.A. Permeabilidade ao ar dos tecidos em função da sua estrutura// Trabalhos científicos. Instituto Plekhanov de Economia Nacional, 1959.

1 Vasilchikova N.V. Conceção, estrutura e propriedades de tecidos de melange a partir de fios de lavsan-viscose: Cand. Candidato de Ciências Técnicas, M., 1968.

2 Vishnevskaya L.I. Investigação da influência da composição e da estrutura das fibras nas propriedades operacionais dos tecidos multicomponentes: Auto-ref..kand.nauk.M.,1977.

9 . A.D. Daminov. Sobre a topologia da interposição de fios de teia e de trama em sobreposições de tecelagem// J. Problems of Textile, Tashkent. No.3.2003 p.82

10 . A.D. Daminov. Sobre a dependência do coeficiente de tecelagem da ordem da fase da estrutura do tecido// Zh. Problemas de têxteis, Tashkent. No.4.2004 p.26.

11 M.R. Yunuskhodjaeva, U.T. Abdullaev, E.S. Alimbayev. Determinação do método de expansão das possibilidades de seleção dos teares modernos//. J. Problems of textile, Tashkent. No.1.2005 p. 39

12 S.A.Khamraeva. Melhorias na qualidade dos tecidos de linho e algodão. // J. Problems of textile, Tashkent.No.2.2006 pg. 49.

13 S.S. Rakhimkhodjaev, D.N. Kadyrova, M.A. Kadyrova, E.A. Surova. Analytical studies of yarn processing of shoe fabrics of false-journal weave// J. Problems of Textile, Tashkent. No.1.2007 p. 54.

14 . S.S. Rakhimkhodjaev, D.N. Kadyrova, M.A. Kadyrova, E.A. Surova.

Influência de alguns parâmetros na estrutura dos tecidos de falso-jornal// J. Problems of Textile, Tashkent. No.2.2007 p. 34.
15 . Sayfieva M.A., Alimbaev E.Sh., Abdullaev U.T. Towards the development of welt fabrics based on the combination of main and complex class weaves// J.Problems of Textiles, Tashkent. No.3.2007 p. 55.
16 N.B. Yusupova, E.A. Onikov, S.A. Khamraeva, S.E. Mardonov. Produção de tecido com maior vida útil, aumentando a sua superfície de suporte// J. Problems of Textiles, Tashkent, No.3.2015 p. 70. 70.
17 Novikov N.G. Sobre a estrutura do tecido e a sua conceção pelo método geométrico//Zh.Tekstil.Promst. 1946 №2,4,5,6,11.P.42 18.Urazov N.H. Estrutura e desenho de tecidos.Tashkent,1971.
19 Martynova A.A. Factores que influenciam a estrutura e as propriedades dos tecidos.M.,1976.
20 Sinitsyn V.A.Desenvolvimento das bases teóricas da conceção de tecidos com padrões de densidade variável, tecnologias e meios de fabrico: Dissertação de Doutoramento em Ciências Técnicas Ivanovo, 1998. Doutoramento em Ciências Técnicas Ivanovo, 1998.
21 Martynova A.A., Slostina G.L., Vlasova P.A. Tissue structure and design.M.RIOMGTA, 1999, 434 p.
22 Martynova A.A. Estrutura e propriedades dos tecidos de algodão produzidos em AT-100 e ATPR-100// Zh.Tekstilnaya Promyshlennost 1975.№8, p.32.
23 Kutepov O.S. Metodologia de conceção de tecidos por um determinado peso de um metro quadrado// J.Textile industry.-1950-№2.
24 . Kuznetsov A.M. Sobre a conceção de tecidos // J.Textile industry.-1951.-#7.
25 Damyanov G.B., Bachev C.Z. Tissue Structures and Modern Methods of its Design.M.1984.
26 Martynova A.A. Para uma questão de conceção de tecidos técnicos a partir de fibras químicas sobre a resistência ao rasgamento. Cand. de Ciências Técnicas. M., 1964. 27.Kuzmin V.V. Desenvolvimento do método de conceção de tecidos// Zh.Tekstilnaya promyshlennost'.-1951.-#7.
28 . Linyaeva G.I. Cálculo dos parâmetros de estrutura e condições de fabrico de tecidos a céu aberto. Diss Cand.tehn.nauk.nauk.-M.,2002.
29 Berkovich N.Yu. À pergunta sobre a determinação do coeficiente de enchimento// J. Textile industry.1961. No.11 pp.24-29; No.12 pp.31-36.
30 Stepanov G.V. Modelo matemático da estrutura tecidos// Izv.vuz.vuzov.tekhnol.tekst.promsti.-1991.-No.5.-Página 42-46
31 Bukaev P.T. Otimização do processo de tecelagem em teares sem agulhas - M. Legprombytizdat, 1990.-176 pp.

32 Tamases Castillo R., Alimbaev E.Sh. Estimativa da tensão de produção de tecidos// Zh. Indústria têxtil. 1982.-#7 P.37-38.
33 N.F. Surnina N.F. Conceção de tecidos com base em determinados parâmetros.M.,1973.
34 Urazov N.H. To the methodology of fabric design// J.Textile industry, 1968, No.7.
35 Lusgarten N.V. Vkbor e fundamentação do índice de tensão do processo de tecelagem// Izv.vuz.vuzov.Vuzov.Tekhnol.tek.tek.promsti.-1984.-#3.-Page 37-39.
36 Bukaev P.T. Avaliação da capacidade de fabrico de tecidos// Zh. Indústria têxtil.-1982.-No.2.-Página 56-58.
37 Bukaev P.T. Tecelagem de algodão. M., Legprombytizdat, 1987.
1 8. Eremina N.S. Estudo da regularidade da mudança de propriedades físico-mecânicas e higiénicas do tecido a partir da sua estrutura. M., 1952.
39 . Eremina N.S. Estudo da regularidade das mudanças nas propriedades físico-mecânicas e higiénicas do tecido a partir da sua estrutura. M., 1952.
40 . Alekseev K.G. Fundamentos do cálculo dos parâmetros de estrutura e formação de tecidos - M.: Light Industry, 1973.-166 p.
41 Alenova A.P. Otimização das condições de produção de tecidos de algodão em teares sem lançadeira e estimativa comparativa da sua estrutura. Dissertação de Mestrado em Ciências Técnicas, 1982.
42 Nikolaev S.D. Previsão dos parâmetros tecnológicos do fabrico de tecidos de uma determinada estrutura e desenvolvimento de métodos para o seu cálculo. Dissertação de doutoramento em ciências técnicas - M., MTI, 1989.
43 Nikolaev S.D. Investigação do processo de formação de tecidos de algodão com riscas longitudinais de trama diferente nos teares sem lançadeira STB. Candidato a Ciências Técnicas. M., MTI, 1977.
44 D.G.Alieva Conceber uma nova gama de tecidos// Zh. Problemas de têxteis, Tashkent. No. 2.2008 pp. 34.
45 . S.S.Rakhimkhodjaev Conceção e produção de tecidos para calçado com fins terapêuticos// J.Problems of Textile Tashkent. No.3.2008 página 34.
46 Nazarova M.V., Fefelova T.L. Desenvolvimento de um método automatizado de conceção de tecidos para fatos-macaco em função da espessura e da porosidade da superfície do tecido// J. Modern Problems of Science and Education. - 2007. - No. 4 - Page. 104-110.
47 Zhuraev A.T. Desenvolvimento de estruturas e tecnologia de produção de tecidos multicamadas para calçado e vestuário - dissertação para o grau de Candidato a Ciências Técnicas São Petersburgo - 1994 .
48 . Alekseev K.G. Sobre novos métodos de cálculo da mão de obra em tecidos

de tecelagem básica simples// J. Textile Industry. 1973.-#4.-Página 47.
49 Chugin V.V. Valor da força de endireitamento do fio na determinação do trabalho do fio no tecido// Izv. de instituições de ensino superior. Tecnologia da indústria têxtil. 1973. №2. Páginas 15-19.
50 Veliev F.A. Desenvolvimento da tecnologia de tecidos de densidade variável em trama de uma determinada estrutura e sua fundamentação tecnológica: dissertação de doutoramento em ciências técnicas - Moscovo, 1993.
51 Veliev F.A. Determinação dos parâmetros tecnológicos de tecidos de densidade variável por trama// Izvestia of higher educational institutions. Technol. texto. industrial. 1990- №3.-Páginas 41-43.
52 Kareva T.Yu. Desenvolvimento de um método, tecnologia de fabrico de tecidos de novas estruturas e investigação da sua estrutura. Doutoramento em Ciências Técnicas - Moscovo, 2005.
53 Skorikova V.I. Estudos teóricos da estrutura de tecidos de trama simples.M.,1960
54 Smirnov V.I. Estudos teóricos sobre a estrutura dos tecidos de trama simples.M.,1960
55 Yukhin S.S. Previsão e desenvolvimento da tecnologia de fabrico de tecidos de alta densidade em teares sem lançadeira: Dissdokt .tehn.nauk.- Moscovo,1996.
56 Estrutura e propriedades mecânicas de tecidos monocamada de fibras químicas: Resumo da dissertação de mestrado em ciências técnicas -M.,1972.- 39s.
57 Pyatigorets N.P. Desenvolvimento de métodos expressos de controlo não destrutivo da densidade de tecidos de algodão de trama simples: Diskand .tehn.nauk.nauk.M.1985.
58 Rachenkov O.M.Desenvolvimento do método de cálculo dos parâmetros racionais da estrutura dos tecidos de várias tramas tendo em conta a tecnologia do seu fabrico.Dissertação de Ciências.-M.,2000
59 Rozanov F.M., Surnina N.F. Influência das propriedades físicas e mecânicas do tecido de fibras descontínuas na sua estrutura e nos parâmetros tecnológicos adoptados durante a sua produção no tear//Coleção de trabalhos científicos / A.N.Kosygin MIT. M.,1968. p.27
60 Gordeev V.A. Dinâmica dos mecanismos de têmpera e tensão de urdidura dos teares - M.: Indústria Ligeira, 1965 - 227 pp.
61 . Vlasov P.V. Normalização do processo de tecelagem. - M.: Indústria Ligeira e Alimentar, 1982.-296 pp.
62 . Parâmetros óptimos de instalação de mecanismos de têmpera e tensão de trama e urdidura em máquinas STB-2-330 SHL / A.I. Makarov et al. M.

TsNIITEIleg- prom, 1973.- 48 p.
63 Alimentação automática dos teares com urdidura e trama. V.A. Ornatskaya, M.A. Gendelman, A.A. Tuvaeva, V.V. Petrov; Editado por V.N. Anosov e V.A. Ornatskaya. Moscovo: Legkaya Industriya, 1975-190 pp.
64 Rakhimkhodjaev S.S. Melhoria da regulação da tensão da teia em teares sem lançadeira na produção de tecidos de seda. Dissertação para o grau de Candidato a Ciências Técnicas. IvTI, Ivanovo, 1984.
65 Kadyrova D.N. Investigação e estabilização da tensão da teia em teares sem agulha. Dissertação, Tashkent, 2001.
66 Baimuratov B.H. Melhoria do processo de têmpera e tensionamento da teia no tear. Dissertação de Mestrado em Ciências Técnicas, Tashkent. TITLP, 1999.
67 . 113.Bykadorov R.V. Regulação da qualidade do tecido em teares. M., L.I., 1984.
68 . Lee E. Investigação da tensão do fio de urdidura por ciclo de formação do tecido. Dissertação de Mestrado. Tashkent, 2003.
69 Rasulov H. Y. Otimização da tensão dos fios da teia e da trama em máquinas STB. Dissertação de Mestrado. Tashkent, 2007.
70 Voronina E.A. Sobre a regulação da tensão da teia no ciclo de funcionamento do tear - Nauch. tr., VNIILtekmash, 1957, n.º 2. Investigação de máquinas de produção de tecelagem, pp.171-180.
71 . Pfohl Walter. Derbeweglichestreich baumals Ausgleichs faktorvon Spannungs differenzen. Milland Textil berichte, 1953, n.º 9.
72 Kolesnikov P.A. A tensão dos fios principais no processo de tecelagem e sua influência nas propriedades físicas e mecânicas e na rutura dos fios de urdidura: Dissertação... candidato a ciências técnicas.- M., 1949, -418s.
73 . Brokel Gerchard. Die Verandenung der Kettpadenspannungbei Baum Wollwebstuhlen min dem Kettverlauf und der Schaftsahl. Textil Praxic, 1961, n.º 6.
1 4. Erokhin Y.F. Investigação e melhoria do processo de tecelagem na produção de algodão. Dissertação de Doutor em Ciências Técnicas. M., 1980. 242c.
2 5.Ohunboboev O.A., Ergashov M. Teoria do cálculo da tensão da teia em teares de seda. Tecnologia Fan va. Tashkent. 2010. 224 c.
3 6.Ohunboboev O.A.. Estado da questão e melhoria dos mecanismos de uma máquina de tecer sem lançadeira para a produção de tecido de seda natural. Tecnologia Fan va. Tashkent. 2016. 128 c.
77 Bukaev P. T. Otimização do processo de tecelagem em teares sem agulhas. M. Legprombytizdat, 1990. 176 c.
78 Rakhimkhodjaev S.S. et al. Equalização da tensão da teia ao longo da

largura do fio do tear// J. Textile Industry, 1989, No. 4.
79 . Yuldashev H. H. Otimização e investigação da tensão do fio em teares sem lançadeira. Tese de mestrado. Tashkent, 2015.
80 . Muradova D.R. Tecnologia de fabrico de tecidos para camisas na máquina pneumática Toyota. Dissertação de mestrado. Tashkent, 2016.
81 Petukh N.A. Investigação das causas do aparecimento de estrias de arranque no tecido produzido em máquinas ATPR// Proc. científico de TsNIIHBI, 1977, n.º 1. Questões de novas tecnologias na indústria do algodão e do papel, pp. 119-122. 119-122.
82 . Rakhimkhodjaev S.S. et al. Teoria da formação de tecidos. Tashkent, 2007.
83 S.S. Rakhimkhodjaev, D.N. Kadyrova. Novos métodos de medição dos parâmetros do processo de tecelagem// J. Problems of Textile, Tashkent. №3.2002.
84 . O.A. Akhunbabaev. Desenvolvimento de um novo método de formação de tecido num tear// J. Problems of Textile, Tashkent. №3. 2012 Página 27.
85 O.A. Ortikov, A.D. Daminov, S.S. Rakhimkhodjaev. Parâmetros de estrutura de tecidos com padrões finos / / Conferência TITLP Tashkent. 2015. Pp. 107-111.
86 Rakhimkhodjaev S.S., Kadyrova D.N. "Modern methods of fabric design"- Tashkent. TITLP.2006.
87 O.A. Ortikov, S.S. Rakhimkhodjaev. Parâmetros da estrutura de tecidos com padrões finos// Conferência. Margilon. 28 de julho de 2017.pp.211-214.
88 O.A. Ortikov, S.S. Rakhimkhodjaev. Parâmetros da estrutura do tecido com padrão fino. Conferência SURGUES, Rússia. 22 de abril de 2010. Pp. 10-13.
89 O.A. Ortikov, S.S. Rakhimkhodjaev. Processamento de fios em tecidos com padrões finos// J. Problems of Textile Tashkent. №3. 2011. Pp. 40-44.
90 Sevostyanov A.G. Methods and means of research of mechanic-technological processes of textile industry. M.: Legkaya Industriya, 1980. -392 c.
91.O.A. Ortikov, M.M. Mirzakhanov, D.N. Kodirova, S.S. Rakhimkhodjaev. Propriedades de conceção de tecidos de seda em função da porosidade// J. T Problems of Textile. Tashkent. №3. 2015. Pp. 77-82.
92.O.A. Ortikov. Conceção de tecidos de vestuário com poros definidos// Journal European Science Review. Áustria, Viena № 3-4. 2017 página206-209.
93.O.A.Ortikov, M.A.Kodirova, S.S.Rakhimkhodjaev. Conceção de tecidos para vestidos de seda natural e tecnologia da sua produção de acordo com a permeabilidade ao ar especificada// Conferência TITLP, Tashkent. 2016. pp167-170.
94.O.A.Ortikov, A.D.Daminov, S.S.Rakhimkhodjaev. Investigação propriedades higiénicas dos tecidos de seda// Conferência TITLP Tashkent.

2015. pp111-114.
95. O.A.Ortikov, S.S.Rakhimkhodzhaev Warp tension in elastic system of weaving loom threading// Zh. Textile Problems No.3.2017 P.68-74
96.A.N.Malov et al. Livro de referência técnica geral. M., Mashinostroenie, 1982, 415 pp.68-74.
97.O.O. Ortikov, S.S. Rakhimkhodjaev. Otimização do processo de tecelagem na produção de tecidos// Zh. Problems of textile. Tashkent. №2. 2017. pp.82-88.
98.Oybek Ortikov, Nuriddin Musaev, Muhayyo Musaeva. O impacto de Rapport variável e do número de transição de fios no entrelaçamento sobre a permeabilidade ao ar dos tecidos. Revista, vol 8. YOUNG SCIENTIST USA. Estados Unidos da América. 2017.page.37-41
99.O.A. Ortikov, S.S. Rakhimkhodjaev. Influência da variável raport e do número de transição do fio na tecelagem na permeabilidade ao ar dos tecidos de vestuário// Margilon Conference, 2017. pp.227-231.
100. O.A. Ortikov, S.S. Rakhimkhodjaev, N.M. Musaev, Z.F. Valieva. Avaliação da qualidade dos tecidos de vestuário// Revista técnico-científica. Fergana. №1. 2018г.
101.A.D.Daminov, B.H.Baimuratov, O.A.Ortikov. Tanda ipi tarangligiga scalo systemasi cholatini tajsiri tadkikoti// J. Problems of Textile No.2.2016 P.76-78.
102.O.A.Ortikov, H.Y.Rasulov, D.N.Kadirova, S.S.Rakhimkhodjaev. Otimização da tensão do fio em teares com microespaçadores// Monografia 2017. LAP LAMBERT ACADEMIC PUBLISHING, Maigy1i5.p-224.
103.O.Ortikov. Avaliação da qualidade dos tecidos de vestuário // Revista científica periódica eletrónica com revisão por pares "SCI-ARTICLE.RU" №46-(junho) 2017-Página 188-194.
104.O.A. Ortikov, S.S. Rakhimkhodjaev. Influência de alguns parâmetros nas estruturas de tecidos com padrões finos//Melhoria do processo de conceção e fabrico de materiais de vestuário da conferência científico-prática republicana. Tashkent. 2010, Página 72
105.O.A. Ortikov,S.S. Rakhimkhodjaev. Questões de estrutura de tecidos com padrões finos//Melhoria do processo de conceção e fabrico de materiais de vestuário da conferência científico-prática republicana. Tashkent. 2010, Str-103.
106. O.A. Ortikov, S.S. Rakhimkhodjaev. Processamento de fios em tecidos de padrão fino// Tecnologias de ciência intensiva na limpeza de algodão, têxteis, indústria ligeira e produção poligráfica. Materiais da conferência prática republicana, Tashkent. 2010, pp.288-292.
107.O.A. Ortikov, S.S. Rakhimkhodjaev. Sobre a estrutura dos tecidos de padrão fino// Têxtil, vestuário, calçado e meios de proteção individual no século XXI. Conferência Internacional Científica e Prática. Universidade Estatal de

Economia e Serviços do Sul da Rússia. 2010. P.10-12 108.O.A. Ortikov, S.S. Rakhimkhodjaev. Conceção de tecidos para calçado com uma determinada porosidade// Participação de jovens cientistas na resolução de problemas de melhoria da técnica e tecnologia na limpeza de algodão, têxtil, indústria ligeira e produção poligráfica. Teses da Conferência Científica e Prática Republicana de Jovens Cientistas e Estudantes, Tashkent. 2011.P.121-125.

109.O.A. Ortikov, S.S. Rakhimkhodjaev. Processamento de fios em tecidos de padrão fino// Melhoria do processo de conceção e fabrico de vestuário. Conferência científica-prática republicana, Tashkent. 2010, C-71-72

110. N.I. Khodiev, N. Urazmetov, O.A. Ortikov. About properties of clothing and footwear fabrics// Participação de jovens cientistas na resolução de problemas problemáticos sobre a melhoria da técnica e tecnologia na limpeza de algodão, têxteis, indústria ligeira e produção de impressão. Conferência científica-prática republicana de jovens cientistas e estudantes, Tashkent. 2011.Str-80.

111.A.Amriddinov, O.A.Ortikov, S.S.Rakhimkhodjaev. Jins tuymalarni tuzilishi hakida// Conferência TITLP Tashkent. 2013. Pp146-147.

112.A.Amriddinov, O.A.Ortikov, S.S.Rakhimkhodjaev. Crep tuyimaning tuzilishiga airim omillar// Conferência TITLP Tashkent.2013. pp148-150.

113.O.A.Ortikov. Estudos teóricos do processamento de fios em tecido// Conferência TITLP, Tashkent. 2016. Páginas 86-88.

yes

I want morebooks!

Buy your books fast and straightforward online - at one of world's fastest growing online book stores! Environmentally sound due to Print-on-Demand technologies.

Buy your books online at
www.morebooks.shop

Compre os seus livros mais rápido e diretamente na internet, em uma das livrarias on-line com o maior crescimento no mundo! Produção que protege o meio ambiente através das tecnologias de impressão sob demanda.

Compre os seus livros on-line em
www.morebooks.shop

info@omniscriptum.com
www.omniscriptum.com

Printed by Books on Demand GmbH, Norderstedt / Germany